我不愿过
被人选择的生活

Wo
Buyuan
/
Guo
/
Beiren
Xuanze
De
/
Shenghuo

森风 著

台海出版社

图书在版编目(CIP)数据

我不愿过被人选择的生活 / 森风著. — 北京:台海出版社,
2018.8

ISBN 978-7-5168-2049-0

Ⅰ.①我… Ⅱ.①森… Ⅲ.①人生哲学-通俗读物
Ⅳ.①B821-49

中国版本图书馆 CIP 数据核字(2018)第 221683 号

我不愿过被人选择的生活

著　　者:森　风

责任编辑:武　波　童媛媛
装帧设计:快乐文化　　　　版式设计:通联图文
责任校对:张　池　　　　　责任印制:蔡　旭

出版发行:台海出版社
地　　址:北京市东城区景山东街 20 号　　邮政编码:100009
电　　话:010-64041652(发行,邮购)
传　　真:010-84045799(总编室)
网　　址:www.taimeng.org.cn/thcbs/default.htm
E－mail:thcbs@126.com

经　　销:全国各地新华书店
印　　刷:北京鑫瑞兴印刷有限公司
本书如有破损、缺页、装订错误,请与本社联系调换

开　　本:880mm×1230 mm　　　　1/32
字　　数:156 千字　　　　　　印　　张:7.5
版　　次:2018 年 11 月第 1 版　印　　次:2018 年 11 月第 1 次印刷
书　　号:ISBN 978-7-5168-2049-0

定　　价:39.80元

自 序

岁月总会善待,那些奋斗过的姑娘

　　我常在想,我究竟要如何定义自己。虽然,这种定义自己的行为看似毫无必要,但我却总希望通过这样一种方式,更为明确自己的存在,大概是想要寻找一种"生存的客观性"吧。

　　只是,在寻找定义的过程当中,会不自觉地陷入一种怀疑和迷惘:我在做什么?我要成为什么样的人?生活究竟有什么意义?

　　很长一段时间,我把自己定义为"去北京的姑娘"。"去"是一个动词,但它在我的定义中不附带任何多余的成分,不是"想去",不是"去了",不是"去过",只是"去"。

　　"去北京"这三个单薄的字,称不上是一个词语,也大概不能够成为一个真正的形容词,但我就在这个定义里活了很久:我想去北京,我去了北京,我去过北京……是啊,我的小半生都好像跟北京这个城市挂上钩了。

一个月以前，高中同学跑来问我："你为什么离开北京了呢？是不是风沙太大了？"我哑口无言，觉得有些莫名其妙，顿了一会儿，淡淡地回了一句："不是啊。"她又不屈不挠地坚持问："北京不是你的梦想吗？唯一能让你离开的原因，就是受不了风沙吧？"

我至今没有回答她的问题，因为离开北京和去到北京一样，都是一个特别冗长的过程，向来不是三言两语就能概括的，也不会有人能够真正感受我在其中的经历与心情。当然，在那些煎熬的日日夜夜，我也曾奢望过身边的人理解我对北京的憧憬，我在北京的坚定，以及我离开北京的洒脱。

在身边很多人的理解中，"去北京"等同于"奋斗"，因为北京给人的印象是"房价""拥挤""匆忙"等一系列令人望而生畏的词语，而那些去北京的姑娘，比如我，在他们的眼中，简直像是一个神奇的传说。

尽管，我曾经三番五次地强调过，其实去北京与去任何一个城市都是一样的，工作和生活是最重要的部分，吃和睡也是不可动摇的两件大事，没有什么不同。后来我逐渐明白，身边的人并不是真的钦羡我去了北京，而是羡慕我追求梦想毫不胆怯的勇气与坚强。

我真的勇敢吗？

有几个夜晚，我拖着疲惫的身体回到小区，延续了四五个小时的活动终于在夜幕入凌晨时结束了,现场的余音却一直在我的脑海中盘旋,挥之不去,我一步一步地爬上六楼,轻手轻脚地打开门,整个人陷进客厅里的沙发上,眼泪顿时如断了线的珍珠,浸湿了整张脸庞。那一刻,我想要放弃了,放弃北京这座城市里的日日狂奔与夜夜笙歌,放弃对北京这座城市的全部向往与依恋,回到不知名的小镇里,安度生活。

只是,当衣袖擦干眼泪,今日的匆忙与疲惫已然被褪下。

只是,当清晨的第一缕阳光照进阳台,昨日的委屈与辛苦已经翻了篇,北京这座城市的朝气浑然出现在眼前,我好像又充满了能量。

我真的坚强吗?

在工作中,觉得自己受了委屈想要辞职的想法,几乎每周每月都会冒出。领导在会议上对我大发雷霆,在电话里对我破口大骂,诸如此类的行为,都会促使我低下头整理自己的工位,对着电脑写工作交接报告。

只是,当看着工作报告的零星点点,委屈已经被责任感抛弃了。

只是,当抬头看到身边的同事还是奋笔疾书,忙里忙外,那些矫情的小情绪也瞬间消失了,北京这座城市以包容怀抱我,我好像又充满了信心。

我其实不算勇敢,也不算坚强,我只是被岁月善待了。

岁月向来不会偏心,它公平地将年龄与皱纹粘贴在我的

3

脸上，一道又一道。幸好的是，在日复一日的成长中，岁月给予我自行痊愈的能力和勇往直前的信心，它让我安然接受了身边人对我的评价，它让我理解了工作中遇到的困惑，它让我体会了生活的种种酸甜苦辣。

决定离开北京之前，我曾经问过一个朋友："你现在会如何定义我。"朋友思索许久，抬起头，坚定地看着我，一字一句："你是一个奋斗过的姑娘。"

很抱歉，我不赞同。因为我不是一个奋斗过的姑娘，我是一个一直在奋斗的姑娘。

"奋斗"也是一个动词，但它在我的定义中也不附带任何多余的成分，不是"想奋斗"，不是"奋斗了"，不是"奋斗过"，只是"奋斗"。

人生之路漫漫，岁月不止，姑娘奋斗不止。

目 录

Chapter 1　我想要的　/ 1

从高中开始,一直到大学,再到工作后,我所听到的话里,有一句让我印象深刻——真羡慕你知道自己想要什么。

不过,每个人想要的东西,需要时间和经历才能得到,而在努力得到的过程中,我发现最后得到的,可能并不是我一开始想要的。

1

Chapter 2 一个人的奋斗 / 33

写作是一个人的事情,无论你是否拥有读者,又或者你自诩拥有他人不能及的天分,你始终还是一个人。

体会生活的酸甜苦辣,也是一个人,如果你一路走到底,无论最后看到的是什么样的风景,回头时,你一定不会辜负那个努力奋斗的自己。

目录

Chapter 3　会好的会好的　　/ 75

每个人的心中，都有太多太多的苦楚不能与人说，怕没人懂，怕有人笑。但生活就是，也只有到了绝路，才有机会逢生。

大抵也只有一段不朽的经历，才能撑得起生活中的野心、奋斗和努力。

Chapter 4　来来往往　　／ 111

人的内心都渴望着看远处的"风景"，一心想着远处的美和好，于是拼命地往前走，等真正走到了前方，却又会依依不舍地回头观望着过去的时光，矛盾百出。

我也一样，但我在日益成长的年岁里，褪去浮躁，安心享受着一路走来的"风景"，不比较，不对比，而且我很确定的是，我一直在寻找"最美风景"的路上。

目录

Chapter 5　请记得一个姑娘的努力　 / 147

"既然要离开,当初为什么要来呢?如果在北京发展得很好,为什么不继续待着呢?"很多人这样问我。

北京,我曾走在你身上的每一步,我都用尽了力气,或许,是希望你能够记得,曾经有一个用力奔跑的小姑娘在你的身上走过,因此找到了自己。

Chapter 6　你若强大，不怕改变　　/ 177

那些曾经深爱着的事物，回头观看似乎远远不够，我们要勇敢地伸出手去，认真地触碰，并且用心感受，已经变了的痛苦。

改变，从来不是一蹴而就的事，而是由一个又一个的坐标划出来的一条记录量变的长线，终点是最终实现的质变。

跋

Chapter 1

我想要的

从高中开始，一直到大学，再到工作后，我一直听到的话里，有一句让我印象深刻——真羡慕你知道自己想要什么。

不过，每个人想要的东西，需要时间和经历才能得到，而在努力得到的过程中，我发现最后得到的，可能并不是我一开始想要的。

愿我的青春不负梦想

我大学所在的城市，距离北京还要两三个小时的车程。我上大学的时候，时常会想起北京，一遍一遍地想，一边想一边翻开过往的日记，五十二篇私密日记里，有太多关于北京的故事，有太多关于北京的过往，有太多言不由衷，有太多曾经……

2011年的7月31日，我在高三，目睹着曾经一起拼搏的很多人在炎热的夏天，在这样一个连一句再见都吝啬说出的年纪，匆匆忙忙毕业。

高三的我，面对升学压力，像金刚一样精力充沛，不停地做作业。我在高三，已经没有多少力气去管那是是非非，活像一个将太多情绪都藏在心底的老年人。

但，世界注定不安分。

　　我在距离校门口最近的教室，看着窗前一些人来来往往，有飞向远方的冲动；我在距离食堂最远的寝室阳台，看着天空的飞机，猜想它的目的地是不是北京。

　　当时，汪峰唱的《北京北京》很火，当时有无数人削尖了脑袋往北京钻，包括我自己。我认为北京是一个盛装梦想的地方，大城市里没有人在意你是否成功、是否失败，因为成功太多、失败太多，任何普通人的艰苦奋斗都无法成为特例，当然，这都是我的想象。

　　我一次一次对自己说，没有流过血的手指弹不出世间的绝唱。

　　我说，我做好准备，为它而战了。

　　我说，北京，我来了。

　　总有人劝我，非北京不可吗？大部分同学都决定留在杭州，几乎没有人选择离开浙江。而我从来没有想过留在这里，我的心是注定疯狂的。

　　当初，我对北京的了解只限于梦想。

　　2012年，高考前的那个晚上，我却变得紧张了。之前，都是梦想在支撑我走下去。可是当北京一步步逼近我的时候，我却开始怕了。

　　不是怕结局如何，只是觉得突然间，坚持了三年的梦想赤裸裸地出现在我面前，我生出一种贪婪的欲望，我渴望北京，无比渴望。

北京风沙大，交通拥堵，人口拥挤，地理学过的。可是谁挡得住我的雄心？

高考的第二个晚上，班级里空了一半，只留下一些人考选修。我计划着能做够哪些题目，才能得到更多的分数。

下一站启航时，我想我会想念这些日子。再见这个学校，再见这里的花花草草，再见这里的食堂，再见这里的寝室、教室，再见这里的记忆。

我很想在学校里大喊"北京我来了"，却也怕丢脸。

我的高考成绩出来了，文科重点606分，与2009年相同。我除去自选模块（浙江的高考科目除了语数外和文理综合之外，还有一门自选模块，占60分），高考成绩为543分。

这样一个不上不下的成绩，让我的北京梦几乎泡汤了。

之前踌躇满志，之后无可奈何。知道成绩的那一晚，凌晨两点起床听汪峰的《北京北京》。内心在嘶吼着一种实在的欲望。

> 当我走在这里的每一条街道
> 我的心似乎从来都不能平静
> 除了发动机的轰鸣和电气之音
> 我似乎听到了他蚀骨般的心跳

我在这里欢笑

我在这里哭泣

我在这里活着

我在这里死去

……

我单曲循环三个小时，而后对着志愿填报参考书，一遍一遍看着那些学校那些分数。

可，数字不会因为我多看了几眼而有所改变。

我问自己怎么办？

夜深了，微黄的灯火温和，窗外桐庐的夜景挺美的。

爸爸敲门进来，嘱咐："至少有一个志愿填在浙江。"我点点头，把最后一个志愿留给了我的家乡。我想，再不济，第四个志愿肯定会录取我。

前三个志愿，我都填在了离北京很近的城市。

北京是梦想，所以要努力冲冲看，只有这样不断向往才有前进的动力。

我在网络上肆无忌惮地写着我的日记，我的北京梦想。仿佛，梦想在未实现之前总要被肆意嘲弄一番，才会真正具备价值。

不过，没关系，起码我努力过。

后来,我想起这些有关于北京的梦想,想笑却也想哭,青葱岁月的三年,靠着一个叫作"梦想"的东西走过,但,这比虚度光阴和漫漫无期更让人感动、心安。

愿我的青春,不辜负梦想。

北京北京,我的北京

手机里汪峰的《北京北京》已经被我删除了,与北京相关的一切忽而间仿佛从我的生命里消失了一样。

或许在那一刻,我自己放弃了一直以来的梦想,装作安之若素地接受无意间选择的距离北京很近的一座城市——石家庄。

算是一次偶然的机会,我终于有了第一次机会,带着我的灵魂去我向往的城市——北京! 在夜里,当北京的五颜六色的灯光照进车窗,我承认我是兴奋的,梦想忽然出现在我的面前,触手可及,仿佛在做一场真实的梦。

火车缓慢地行驶着，把我一点点地带到梦想中的城市。到达车站的那一刻，我多么憎恨我的理性和沉寂，我实在无法像个孩子似的喊出"北京，我来了"，我实在无法狂热地扑倒在这片土地上，忘我地亲吻着。可是，我知道，我真的就在北京，在那个令人魂牵梦萦的城市，在那个拿走我全部爱恋的城市。

都说入乡随俗，都说既来之则安之，可是在我到达石家庄时，在我进入大学的第一天时，我是十分恐慌的，恐慌那里的黑夜，恐慌那里的陌生，人声鼎沸却给予我无尽的恐惧感，我找不到归属感。然而我的北京，这醉人的第一夜，却给予了我满怀的安全感。

在中央民族大学住了两个晚上，虽然是和朋友窝在一张狭窄的单人床上，但被暖气包围着，被朋友的情谊包围着，被满腔的兴奋包围着，被北京的温馨包围着，简直幸福极了。

北京的早餐，我倒没有尝到很多，只是在赶地铁的路上买了一个我叫不出名字的饼，饼里夹着各种蔬菜，凉凉的，吃起来有一种大杂烩的味道。

在北京的大部分时间，我都花在了地铁和公交上，挤在不同的人群之中，看各色各样的人的动作，听各种各样的语言。更多的时间，我留给了内心的独白，自己跟自己说一些谁也听不懂的话。

北京大学，是我真正接触的第一个有关于北京的印象。三个大门，都有门卫拦住我，我软磨硬泡，始终无果，不甘心地转悠到一个无人监管的小门，大摇大摆地走了进去。

这里，的确是无数人向往的高等学府，辉煌、古今结合、风景优美，有着太多太多的优点，足够掀起一个人内心的惊涛骇浪。

我记得那天的天气很冷，我实在没有任何气力拿出藏在口袋里的相机，零下几摄氏度的温度足够冻坏我的手，流连忘返的每一处风景就在眼前呼啸而过，我都来不及拍下。

风光再好，也不尽我看。

那一刻，我忽然意识到，这就像是梦想与现实的差距，面前的寒冷就是赤裸裸的现实，一点点打击着我自以为能够留在北京的梦想。我突然狠下心来，从口袋里抽出相机，"咔嚓咔嚓"地拍，希望那些定格住的照片成为我前进的动力。

在离开北京的火车上，我暗暗发誓，一定要写一篇满满当当的文章，纪念我的第一次北京之旅，但当我真的回到石家庄的土地上，面对着电脑，思绪却渐渐停住了，所有能被纪录的都变成了文字，可那些化不成文字的呢？我明明看到了，听到了，却怎么也记不下的呢？

而后，我慢慢想通了，没有办法成为文字，只是因为，我的不甘心。

因为，选择石家庄这座城市并不是我安之若素的选择，我内心依旧不甘，依旧愤懑。

因而在遇到心心念念的北京时，我震撼、震惊、蠢蠢欲动。

后来，我又去过北京四次，每一次，我都看到了曾经的梦想，看到了曾经的自己……于是，在那一刻，我明白，我不会安然地孤立在石家庄这座城市上，我要飞去更广阔的天空。

北京！北京！我的北京！

如果不尝试，人生永远是单行道

当大四的步伐临近，我慢慢开始准备工作的事情，最先考虑的工作地点依旧是北京。北京是一个大城市，对我有着强大的吸引力，而我真正想去北京的原因是我心中的一个梦，一个深藏于心底的梦。在我的世界里，梦想这个词语与"北京"紧紧捆绑在一起，北京成为我心里的一根标杆，它以一座屹立不倒的模样倒映在我的心里，只是梦想和现实，在我还没有足够能力的时候，往往会相悖而驰。没有充足的资源，没有过硬的能力，在北京的实习工作，我找得焦头烂额，要么是我无法达到实习工作的要求，要么就是实习工作提供的薪资无法保证我能在北京存活。

我害怕了，害怕会在偌大的北京露宿街头，害怕淹没在大城市的人群里，毫不起眼，害怕在一大片人才的海洋里，黯淡无光。

此时，杭州有朋友提供了一份实习机会，工作内容恰好是我喜欢的，也是想要尝试的，又刚好离家近，我动了回杭州的念头。

我在石家庄读大学，距离杭州有长达十八个小时的车程，一年之中，只在寒暑假才会回家。每次妈妈送我出门，她都会落泪，都会埋怨，说我一个女孩子跑这么远，她叮嘱我不能在学校找实习机会，不能在学校谈恋爱，她生怕我会在北方扎根，从此不再踏足家乡的土地。

我决定回去，于是，我匆匆忙忙请了假，赶了连夜的火车。出发前，一个人回寝室收拾行李，室友静静地坐在一旁，看着我却不说话，氛围瞬间变得伤感，我脸皮嬉笑，活像一个大笑姑婆："我还回来考试呢，我们都还没有吃散伙饭呢。"

室友直勾勾地看着我,淡淡地说:"我知道,只是这次你一走,我们就知道以后免不了南北相隔。"

我坐在火车上,望着窗外转瞬而逝的风景,想到自己正在远离脚下的土地,不禁伤感。途中给妈妈打了一个电话,简单说起回杭州的事宜。

结果到了晚上,七大姑八大姨的电话纷纷涌了进来,谈话内容大同小异。

"回来啦?回来好啊!一个女孩子家的,还是离家近点好。"

"杭州是个好地方啊!"

"什么工作呀?工资多少啊?福利怎么样?好好工作啊!"

"抓紧找个男朋友啊!"

……

回杭州后,我慢慢适应了工作,慢慢找回生活的节奏。

在杭州的实习工作,没有不顺利。实习了四个月时间,我的工作很轻松,朝十晚六,工作内容主要是看看别人写的文章,好的推荐,不好的放在一边,偶尔策划个主题,自己偶尔也写写文章。这的确与我理想的工作很接近,是的,很接近。

为了保持梦想的状态,我早上一般在六点半起床,吃完早餐就开始看书,大概看一个多小时,出门上班,在公司积极地完成工作内容,六点下班,下班后吃饭,在家做半个小时的锻炼,之后接着看书,看两三个小时,然后十一点准时睡觉。

许多人都羡慕我这样的生活,我都知道,这几乎也是我理想的生活。

大概两三个月之后,当我开始真正习惯这种生活的时候,我的状态却趋于麻木了,每天的生活几乎是千篇一律,我走在上下班的路上会想这真的是我想要的生活吗?

当我开始思考这个问题的时候,在之后上班的过程中,整个人是处于恍惚状态的,我的大脑开始运作得特别简单,只是一心想着把工作全部完成。

一般情况下,到了下午三四点的时候,我差不多就能完成所有的工作,也就是说剩下的两三个小时,我无所事事。为了打发时间,我会无聊地刷微博,我原本不喜欢刷微博,新闻资讯又短又片面,而且浪费时间,但这刚好是我打发时间的最好方式。只要把微博的热点都刷一遍,我也就能下班了。

晚上下班,我一个人走在回家的路上,天色已晚,周围亮起一大片霓虹灯,马路上的车辆来来往往,行人不断经过我身边,好一派热闹非凡的景象。我是要在这片土地上度过我的一生吗?

突然,我又想起了我的北京。

如果我现在在北京,是不是正挤在拥挤的地铁上,隔壁大叔厚重的呼吸声不断地逼近我?

如果我现在在北京,是不是正住在密不透光的地下室,围着电磁炉吃着乱炖？

　　如果我现在在北京,心中会不会想念杭州的这片土地？

　　……

　　朋友都说回杭州好,杭州是我的家,空气质量好,薪资待遇好,一切都好。我也知道杭州好,在每个无助的深夜,落魄地想回家的时候,不再因为路程的遥远而放弃念头,再也不必考虑来回奔波的痛苦。

　　可是,我总是会想起我的北京。有时候半夜醒来,窗外静得可怕,我会想北京是否也是这样安静呢？北京就像是一颗心头上的朱砂痣,死死地长着,如果我这一生都没有在北京驻足过,那么这颗朱砂痣的痕迹永远都不会淡去,它会随着时间日益清晰,不断地侵扰着我的梦和生活。

　　可惜,我是一个胆小的人,我害怕看到妈妈失望的眼神,当初听我说面试成功,确定在杭州工作的时候,她深深地呼了一口气,像是放下了心上的大石头,了却了一桩心事。

　　在杭州实习的时候,想起北京了,就会听好妹妹乐队的《一个人的北京》：

　　　　　　也有人喝醉哭泣　在一个人的北京

　　　　　　也许我成功失意　慢慢地老去

　　　　　　能不能让我留下片刻的回忆

许多人来来去去　相聚又别离

也有人匆匆逃离　这一个人的北京

也许有一天我们　一起离开这里

离开了这里　在晴朗的天气

让我拥抱你　在晴朗的天气

古语说："父母在,不远游。"北京好远,远到我在听到家人出事的时候,只能远远地悲痛;远到在思乡的时候,只能默默掉泪;远到妈妈说想要见我,却只能在电话里相互静默。

我害怕在北京落魄,我难道真的要冲破家庭的种种阻碍,奋不顾身地追寻我的梦吗?如果不行,难道北京就只能成为我的一颗朱砂痣吗?

如果我不努力去尝试一次,那么,我的人生,难道永远就是一条单行道?

在该吃苦的年纪,坚决不选择安逸

  我坐在地铁上,接到爸爸的电话。在信号断断续续的封闭空间里,爸爸声音微弱地说二姑夫可能不行了,问我要不要回家看看。我不说话,爸爸又说,离家近一点,他也有走的一天。

  是的,现在是我,在北京的第三个星期了。

  这三周,我一直都在奔波,也几乎跑遍了整个北京,自从北京地铁按里程收费后,我好像就没有再踏足过北京了,这一次,也算是走了个遍吧。

  这里,我的北京,在我终于踏上这片土地之前,我志气昂扬地认为我要在这片土地上扎根,实现我的梦想。

  但,现实很残酷,我高估了自己的实力,真正回想自己面试的过程,真的是"一塌糊涂"。当初,空怀着满腔热血,一头扎进北京,有关于职位的专业知识,我一点儿也没有了解,甚至在面试之前也没有认真思考如何回答面试可能遇到的问题,因此被问问题时,整个人都处于懵圈的状态,回答问题的思路很混乱,走出公司时一阵恍惚。当然,几次面试都失败了。

在一次又一次的面试过后,我内心有一种挫败感,一种漫漫无期的低落。咋咋呼呼、忙忙碌碌的三周,就这样过去了。

我下了地铁,这里貌似是五环了吧,一片荒凉,北方的树在严寒的冬季一向都是光秃秃的,毫无生机。我站在路边,道路上的车辆来来往往,北京的角角落落似乎都挤满了人,随便站在一个角落,围绕在身边的都是浓重的呼吸声。

现在,还不到十一点,前几天约了一场面试,定在下午一点半,我向来习惯早到,生怕找不到正确的地点,迟到的印象总是不好,也想要做好万全的准备。不过,这次好像早太多了,我胆子小,不敢直接走向柜台询问,但最后我还是鼓足了勇气上前,说:"不好意思,我约了下午一点半的面试,不过我来早了,请问面试时间可以提前吗?"我得到的回答是"不可以"。

漫长的两三个小时的等待,我无处打发,周围一片荒凉,没有像样的店面让我歇歇脚。往前往后走几步,远远地就看到四处游荡的小狗,我乖乖地缩回原地。我不愿在一个地方过多地停留,不愿忍受路人异样的眼光,也许根本没有人看到我,但我还是恐慌,害怕目光注视之下的尴尬,于是沿着路来回走。

走得累了,我又慢慢地返回面试的公司,希望找个安静的地方看看书。

我站着的地方距离面试的公司大概有三分钟的距离,稍微偏些角度,我就能看到公司的大概面貌,但公司里面的人应该看不到我。公司有两层楼,外观是红色的砖瓦,公司的标志高高地挂在二楼的红砖之上,间或着大大的玻璃,内部到处都是绿色的植物。

现在,十二点半了,我远远地看着公司,心想着还有一个小时我就可以进去面试了。原本安静的公司,突然陆陆续续地走出来好多人,好像是吃完了午饭出来活动活动筋骨。今天的北京特别暖和,太阳高高地挂着,甚至有点热,从大门涌出的大部分是女生,也有一些男生,他们立马三五个组成一群,围成一个圈。一个毽子不断地起、落、起、落,最后归于地面;我听到欢笑声,抱怨声,一片生机勃勃的样子。

这里,脚下的土地,称为"北京"。

未来又以一个深不可测的模样摆在我面前。

和我一起面试的,还有一个女孩,圆脸蛋,平刘海,黑框眼镜,刘海有些长了,发根藏在眼镜后面,密密麻麻的都快遮住眼睛了，穿着白色的长袖衬衫，包着一条黑色格子短裙，腿上裹着黑色的打底裤，背着黑色的双肩书包。她走得特别慢，手里抓着手机，时不时摁亮屏幕，瞥一眼又立马摁黑屏幕。她的头四处转悠，不知道在看些什么。

她是来北京面试的，约好下午三点，不过现在太阳还没走到正午的位置，她来得太早了。比我还早。因为，她来自北京周边的一个小村庄，勉强称得上周边，但也还要两个小时的火车，其中还不包括换乘公交、来回走路的时间，一旦错过了早上八点的这班火车，也许她这一天就没有办法到北京了。

她很紧张，因为她很想得到这份工作。大学还没毕业，身边的同学考研的考研，出国的出国，对未来都有了一定程度的规划。而她，大学四年也不轻松，每个周末都要穿越城市的两端，打一份工做一份兼职，起早贪黑，连喘口气的机会都没有。毕业后又要承受如千斤顶般的家庭经济压力，赚来的钱不仅仅要当自己的生活费，还得补贴家用，弟弟正在读中学，学杂费要交，又正在长身体，吃得也多，哪哪都是用钱的地方。

她说，这是她面试的第十家公司了，再被拒绝，她真的要绝望了。之前的九家公司，拒绝她的理由千奇百怪，有的公司直截了当地说她没有什么技能，公司也没有多余的时间培养一个新人;有的公司不直接说原因,只是歉意地投一个眼神,她也明白;有的公司也不多说,直接让回去等消息……

她说,从开始面试到现在,大概已经快两个月了,网络上的公司招聘都快被她翻烂了,除了一些明确要求有工作经验和专业技能的,但凡招聘简章里放松要求的,她都投了简历了,但投出的简历就像石沉大海一般,鲜有回应……

但是她说:"人不是都应该往自己喜欢的方向走一遭吗!"

我默默地祝福她。

而我的这次面试,却出乎意外地成功了,我答应一星期后正式入职。

我们面前真的会有很多条路,每一条路似乎都是一个选择,但是我们最后只能选择其中一条路,做出唯一的选择,也只有坚持走下去,才知道自己选择的路有什么样的风景,而对于那些没有走的路,我们会后悔,会怀念,会感慨,但我们无法重来一次。

从小到大,我的面前出现过很多条路,我也在众多选择里迷惘、徘徊过,但最后,我都会做出一个庄重的选择,学会忍受孤独,学会成长。至少,在该吃苦的年纪里,我坚决不选择安逸。

谁不是在这个世界颠沛流离呢

　　早晨九点出门上班，先通过一条长长的小路走出小区，再经由一条小路通往一条大马路，走到地铁站。还不到大马路，小路的末端有一块延伸的区域，每天都会摆着一个卖豆腐脑的摊位，一位大概四十岁的阿姨和一位哥哥，辛辛苦苦地做着油条、粥等，卖给沿路的住户。每天早上，我常常会看见一群衣装笔挺的上班族坐在这露天的桌子上吃早餐。

　　看得出，阿姨和哥哥都不是北京人，他们在这个城市谋生。

　　一天走到小路末端时，突然不见了那群穿着西装吃早饭的上班族们，反而涌现一张张陌生的脸，一本正经地驻足着，眼睛看着同一个方向。原来是北京出新规，要取缔流动摊位。

　　在北京，常年有外地打工者涌入，我在火车站里或公交车上，在任何可能的地方，时常会看到一个个背着大包，两只手提着两小包的打工者，一直喊："司机等一等等一等，还有行李没有搬上来。"

我想起，我在石家庄读大学时，校外有一条特别热闹的小吃街，小吃街里有一个卖炒冷面的摊位，每天晚上在那排起来的队像一条长龙，我和朋友为了尝尝口味，也曾加入过这队伍。

队伍一点点前进，我和朋友觉得无聊，开始计算起这个摊位一天的收入，慢慢推算出一年的收入，算出的数字吓了我们一跳。我和朋友笑谈，如果这个摊位开成店面，每年几乎有上百万的收入，到时候随便开几家分店，那就奔向了人生的富康大道呀。

这个流动摊位只在校外的小吃街摆了四年，一天不落。

谁都有谁的苦衷，谁都有在各个城市颠沛流离的理由吧。就像偌大的北京，有多少是北京当地人呢？谁不是在脚下这座城市里颠沛流离呢？

我出生的那片土地，地理位置优越，环境优美恬静，治安优良，社会保障福利高，服务态度好……我也常常以生在这片土地为荣，但是此时此刻，我远离出生的土地，飞奔到一个人群拥挤的城市，找寻喜欢的工作，找寻心底的梦想。

在这个城市里，我不也是颠沛流离吗？

一天二十四小时,在公司的时间最少八个小时,额外要有两个小时奔跑在路上,地铁来来回回,还有大段的路要靠脚走……

我们来自这里,却去往那里,几乎成了每个现代人的生活状态。

我也的确在脚下的北京颠沛流离,但我知道这颠沛流离给予我的成长,这是常年生活在一片安然的土地上所学不到的。

北京不仅仅是一个地方,更是许多人心中的一个梦。

北京具备承载梦想重量的能力。

挤,也是一种生活方式

四年前,在我去往心心念念的北京之前,我特意找了在北京的朋友了解北京的状况。大抵是有一种向往,我一股脑儿地问了很多问题:"什么时候去北京最好?""北京哪些地方好玩？""北京有哪些好吃的？"

问题问到最后，还没等到朋友回复，我自己先打住了。我说我打算五一假期去北京，想着还是自己感受吧。朋友隔了许久才回复我："别来，北京的假期，最大的风景是人，人看人，人挤人。你来了，只能看人头。"

我试图想象朋友口中的"人挤人"是一种怎么样的场景，但无论脑海中呈现出多么生动唯美的景象，我也深知那不是北京，不是真正的北京。最后，我还是听从了朋友的建议，没有去北京。之后前往，也总会刻意选择淡季。

于是，四趟北京之行，我都未曾感受到"人挤人"的热闹。

大学毕业后，我怀揣着一腔热血冲进了北漂的大浪潮里，心想着每一天都可能会陷入"朝九晚五"的人群中，视线里除了后脑勺还是后脑勺，分不清哪里是自己的脚，哪里是路。然而，工作要求十点上班，等我走到地铁站时，人流已经散开，我在其中，前后左右都有着不小的空隙。

这不是我想象中的"人挤人"的北京。

但，晚上的情景与早上不尽相同。下午六七点，是北京下班的高峰，我通常在六点半走出办公室，慢悠悠地穿过通道，辗转到地铁6号线。

一下楼梯，我愣住了，队伍长长的，弯弯的，排成了一条蛇。一路上"对不起""请让让"，颤颤巍巍地移到一扇门前，前方估摸着有十个人左右。我刚刚站稳,6号线就来了,一眼望去,车厢的窗户里黑压压的一片,都是人,人挤人。前方的队伍在躁动,有人从车厢里下来,一个脑袋接着一个脑袋,队伍仿佛在往前走,但当警钟响起,我依旧站在原来的位置上,前方似乎一个人不少。

每隔一分钟,就会有一辆6号线,但直到第4辆6号线从我眼前穿过时,我依旧站在队伍里,虽然往前移动了些许位置,但对于能否上下一辆车,依旧是未知数。

第5辆6号线来了,我看了一眼车厢,黑压压的一片,人头挤着人头,队伍前方传来一阵骚动,除了排在队伍里的人,两侧也有三三两两的人头往前凑。我叹了一口气,估计又上不了车了,但身后传递一阵隐形的力量,推着我往前走,等我一回头,我已经身处车厢中,周围都是黑压压的人。

有一次,朋友来北京找我玩,她买了早上八九点的火车回学校,我陪她一起坐地铁。当时好像是早上八点,还不是上班高峰期,排队的人不多,我还欣喜了一番,可是当6号线停在面前时,门一打开,出现在我面前的是黑压压的人,一整片,没有任何空隙,连一点儿的空白都没有。

我们等了一辆又一辆,眼看着时间一分一秒地走过,火车又迫在眉睫,我和朋友商量:"待会儿什么都不要管,我们努力地挤上去,不然你会赶不上火车的。"于是,我们先是选

　择了最末尾的车厢站着,平常时候人最少,再使出洪荒之力,终于挤了上去。

　　在北京,我终于体会到了"挤",与当时想象朋友的话语是截然不同的两种感受,一种是抽象的,无法触摸,另一种是真切的,近在咫尺。

　　我在地铁里,触摸到无法呼吸的空气,触摸到前后左右的力度,触摸到完完全全的拥挤感。感受过后,我发现自己讨厌这种拥挤的感觉。不过,我无法拒绝,因为地铁虽然拥挤,但它不会迟到,这是在北京生活的必然经历。

　　这是我生活在北京的一个小细节,但这也是一种时常被人谈起的生活方式。我从不抱怨拥挤的地铁,因为我知道我无法逃脱这种拥挤的生活,因为每一个城市都有每一个城市生活上的细节。

　　没有亲身经历过在人群中喘不过气的感觉,又怎会知道空气原来这般珍贵?

又是一个搬家的人

同事说这段时间要搬家。我问东西多不多,是否需要帮忙。她说她自己不搬,已经找好搬家公司了。我问同事来北京多久了,她说不记得了,最少也有八九年了吧。

我又问她要从哪里搬到哪里?她说要从最南端搬到离公司近一点的地方。

早上十点左右,下了地铁走到公司所在的广告园门口,看到一个男生笔直地站在大门的右边,身后有一辆小电动车,他的周围散着许许多多的行李,没有用行李箱装着,到处都是敞开口的袋子,毛巾、牙刷、被子、衣服,随处可见,他焦躁地打着电话,说些什么,我听不清。

又是一个搬家的人。

到处搬家的人,一定不是北京本地人。本地人,不需要到处奔波,因为他们有稳定的住所。

我刚到北京找工作的时候,帮好朋友搬过一次家,她当时住在最北边,我换乘了好几辆地铁,走过无数个通道,最后才到终点站。展现在面前的是一条长长的小路,我还要把这条路走到头,直到看到一排接着一排的二层高的小楼房。

我在这里看不到任何北京的影子,或许这是我所不了解的北京模样吧。

我不知道穿过了几栋楼,才遥遥地看到朋友站在门口朝我挥手,这栋两层高的民房,住着五户人家,八个人,有一家三口的,有和朋友合租的。我走进朋友租的房子,一个长方形的空间,一半放了床,床与墙紧密贴合,不留一丝空隙;另一半放着一张桌子,桌子上堆着书和乱七八糟的东西,门后竖着一个折叠衣柜,里面是一年四季的衣服,地上躺着一张瑜伽垫。这就是她的全部家当。

她这个小房子里的行李居然装满了整整三个行李箱和三个行李袋。

新找的房子在北京的南边,很南边。她也是刚大学毕业到的北京,没有钱,所以没找搬家公司,只能靠人工搬,我们一人搬着一个行李箱和一个行李袋,告别这一排又一排的民房,告别那条寂静的小路,踏上了换乘地铁的漫漫之路。

北京的地铁很方便,但也很麻烦。我们从最北边跑到最南边,大概要换乘3辆地铁,凑巧搬家的时间又碰到下班高峰期,最后我们等4号线来的时候,玻璃上都挤满了一张张脸,我拉着行李箱根本挤不进去,眼巴巴地看着好几班地铁从面前飞过,最后感觉外面的天都已经黑了,我们才挤上车。

行李搬到新的住处时,差不多已经晚上九点了。

在外漂泊的人,一心只想着找一个稳定的住处。刚来北京找工作的人,为了安定,必须先找到一个稳定的住处;换工作了,原先的房子太远了,上班得花两个小时,太不划算,搬家吧;资金周转开了,渴望换一个好一点的房子,但钱不多,因而需要细细思虑,地理位置、环境、价格,来来回回地货比三家。

一辈子没有离开过故乡的人,从不用搬家。自家的房子,爷爷奶奶住着,爸爸妈妈住着,从小到大一直住着,从未想过要搬离。

下地铁走回家的这一路,有一架飞机在上空飞过,但是我知道它一定不是我刚来北京时看到的那一架,原来一切都在不知不觉地发生变化。

我记得离开时,我与辅导员聊天,我称她为"小年轻",彼此约定来年在春暖花开的海边见面,当时我即将离开学校,她也正计划离开学校,去寻求更大的发展。后来再与她聊天时,她说她就快要离开学校了。

时间好快，真的很快。

有些人找到了自己的目标，有些人还在不断追寻着目标。

回到家的时候，一个好朋友给我发来微信，说："昨天晚上做梦梦到在机场和你偶遇了，不过我不知道我要去哪里，也不知道你要去哪里。"

我想，我们总会在不知不觉中就去了我们想要去的地方。

谢谢你的关心，但这是我自己的路

我们到底亲自走过哪些路？亲眼看过哪些风景？

每一次，在决定去某个地方旅行之后，我一定会搜索一遍列表的朋友，看看谁来自那个地方，谁在那个地方生活，把该吃什么，该玩什么，甚至该睡在哪儿，都问得一清二楚；实在找不到朋友，就上豆瓣或者微博搜各种攻略，直到了然于心为止。

回头想,我为什么要这么做,大概是太过于小心翼翼了吧,担心多花钱,担心受骗,担心走冤枉路,担心一切的细枝末节。

不过再回头看我的每一次旅程,与每一次辛辛苦苦做的攻略,总会有出入。甚至,也许会有一次旅程,完完全全抛开了经验之谈,因为当我真正踏上一片土地时,这一趟旅行才真正属于我,而且仅属于我,他人先前的经验和攻略,于我而言并不适用。

因为旅途是我的,只有自己走,才能看到属于自己的风景。

娃娃鱼小姐是我在北京的室友,她今天向公司提出辞职,人事部的姐姐关心地问她:"辞职之后,下一份工作想做什么?"娃娃鱼小姐想也没想,直接说:"我想做市场营销。"人事部姐姐叹了口气,说:"我觉得你不适合做那行,你没有那份气质,做市场营销很亏的。"

娃娃鱼小姐问我:"为什么我不适合做市场营销?"

我安慰地回她:"因为你第一眼看上去很可爱,不精明,不专业。所以,人家第一眼觉得你不合适。"娃娃鱼小姐好像很生气,她说:"可是我学过市场营销啊,只是在做平面设计之后,把那一块儿丢了。"

我不知道人事部姐姐为什么这么说,或许是刻板印象,又或许是在长期相处和了解中挖掘了娃娃鱼小姐完全不为人知的一面,但不可否认的是,人事部姐姐是站在一个过来人的角度,语重心长地劝诫娃娃鱼小姐。

娃娃鱼小姐又继续说:"不同的人对我转行这件事有不同的看法。好朋友说做营销比做设计还累,要到处跑,不如我想象中的好,她劝我在这个行业再坚持坚持。"

我想起,在去北京之前,曾发过一条朋友圈:即将前往梦想中的城市——北京。评论下,私聊中,不同的人跟我说了不同的话:有的说北京很挤,有的说北京人很多,有的说北京的工作很累,有的说北京租房的价格吓死人,有的说北漂太辛苦……一个个都劝我不要去。

直到我来到北京后,我发现那些话有的对,有的不对。

北京的房价的确高得惊人,如果没有坚韧的勇气和坚持的能力,或许在三五天随房产中介奔波后,一转头发现昨天看的房子已经被租走的事实后,一定会抓狂和奔溃;北京的人的确很多,也的确很挤,有时候可能要驶过四五辆黑压压的地铁,你才可能被后面的乘客用力挤进回家地铁……

可是,北京也有很多可爱的地方。你会在北京遇到各式各样的人,碰到各种各样的事,拥有丰富的经历与生活。

我一直在想世界上为什么要有那么多人,后来我想大概是因为每个人都有自己要经历的东西。我的感受不一定是你的感受,你的经历也不一定是我的经历。

高中毕业后我说我要去西藏,好朋友们转了很多女学生
遇害的新闻,跟我说西藏很恐怖,千万不要去。后来,我去了,
玩得很开心,安全返航,可是我也真的遇到过被骗的女学生。

所以,旁观者的话有的对,有的不对。

旁观者大多站在"我为你好"的角度上来给你提建议,但
我觉得,人生要自己走,才更真实。

就像娃娃鱼小姐,她难道不知道市场营销很辛苦吗?她
难道不知道市场营销要到处乱跑吗?这些那些,她都知道,不
是吗?或多或少也听说过,不是吗?

所以,面对这些善意的"为你好"等话语,最好的做法
是——说一句"谢谢你们的关心,但是这是我的路,我想自己
走一走",然后义无反顾地往前走就好。

人这一生一定要亲自走过很多长长的路,不然我们又如
何对得起这漫长的一生呢?

Chapter 2

一个人的奋斗

　　写作是一个人的事情，无论你是否拥有读者，又或者你自诩拥有他人不能及的天分，你始终还是一个人。

　　体会生活的酸甜苦辣，也是一个人，如果你一路走到底，无论最后看到的是什么样的风景，回头时，你一定不会辜负那个努力奋斗的自己。

我们散落天涯,但各自成长

有时候,我回想毕业的浪潮,似乎是席卷而来的。一个措手不及,我们就被冲散到了世界的各个角落。那些曾经以为不用说"再见"的人,却连一句"再见"都来不及说,就各自纷飞。

大北是我的高中同学,在杭州读的大学。毕业前夕,我还在想她会不会也到北京闯一闯,但毕业后,她立刻回到了家乡,开了一家私房蛋糕店,这些年的生意做得风生水起,唯一不变的是我们保持通信的习惯,分享着彼此的生活。

大北分手的原因,我至今还没有搞清楚,哪怕在她写给我的若干封信里,每行字都提到了她与小弟先生的恋爱轶事,但也只是星星点点,我压根理不清他们爱情故事的前因始末。我也始终没有再问过大北任何关于小弟先生的事。

Chapter 2
一个人的奋斗

有一天，我心血来潮去翻大北的朋友圈，她之前曾在信里提到过，她曾经在朋友圈的某条状态里放过她和小弟先生的合照，我不断下滑屏幕，目不转睛地寻觅着一丝丝线索。视线停留在印象中大北说过的他们在一起的时间段，我猛然发现大北的朋友圈有一大段时间的空白，她删除了所有与小弟先生有关的状态，一条不留。

大北一般一天会发两三条朋友圈，所以我意识到那些删去的状态是关于一个她不愿意面对的人，也明白大北和小弟先生真的告一段落了，大北在后来的信里也说，她对小弟先生采取的措施是，拉黑好友，不再联络。

我和大北曾经约定，等彼此都有了男朋友，凑成四个人，在某个温暖的下午围成一桌在某个咖啡馆里叙叙新旧。

看着大北在信里写的关于她的失恋之后的生活与情绪，字迹飘扬，一如从前的隽永，我明白悲伤总是一时的，迟早都会过去，大北总会从失恋中走出来，哪怕过程很痛苦，终究不会沦陷太久，况且她足够坚强。我给大北的回信里很少提及爱情以及她和小弟先生，甚至也不会提我曾经的男朋友大象先生，生怕她触景生情，触人感怀。

不过，我一直没有告诉大北的是，当她告诉我她和小弟先生在一起时，我只是在心里默默地说："你开始了新的旅程，我祝福你。"我在信里并没有表现得过于开心，即使我清楚地明白大北在上一段感情里跟胡子先生的纠缠和伤害,也清楚地知道开始一段新的感情对大北有多好,但我依旧保持着不冷不热的语气。偶尔有朋友问我知不知道大北和小弟先生的事情,我总是笑一笑,然后什么也不说。因为,我一直以为大北只会一直喜欢胡子先生一个,就像我一直喜欢大象先生一样。

在我喜欢大象先生的日子里,大北在喜欢胡子先生。当时,大北和胡子先生是羡煞旁人的一对,我和大象先生也是。几乎同一时间,大象先生跟我分手,大北和胡子先生的恋情也走到了尽头,我对大象先生无法释怀,大北和胡子先生也有过一段纠缠,因为这相似的经历,大北和我一样,在这片茫然大海里找不到一条生路,尽管这期间,大象先生和胡子先生都各自早已有了新欢。

大象先生的新欢找过我麻烦,而我也与她有过争执,最后把脸面全部撕破。面对大象先生质疑的眼神,我没有解释,多说任何一句都是错,我早已不是他爱的人,何必掀开伤口让他撒盐呢。

胡子先生与大北先生有了新的女朋友,常常在朋友圈里晒各种幸福,大北和他的纠缠不过是垂死挣扎,抵不过回光返照,即便过去的美好历历在目,也只能感受记忆的温度,永远不会重新拥有。

　　我说过很多次放弃,大北也下定决心不再挣扎,我喜欢我们时常不约而同的经历和想法,仿佛是站在同一起跑线上的两个人,相互扶持,相互鼓励,一起跑到终点。只是,大北做到了,她铆足了力气冲破终点的白线,而我不行,我总是在即将到达目的地的那一刻,一刹车,一转身,又重新回到原点。

　　大北和小弟先生在一起后,我在某个时刻,也会莫名感伤,觉得只有自己一个人孤独着。我一直无法开始新的恋情,因为大象先生总是偶尔回来招惹我,而我也以为我和大象先生有重新在一起的可能。

　　后来,我清楚地意识到,大象先生永远不会再回到我的身边了。那一刻,我才真正地为大北走出胡子先生的怪圈而欣喜万分。这一刻,我也终于一步一步,冲向终点的白线。

　　大北现在依旧是一天两三条朋友圈,关于她养的狗,关于她的琐碎生活,关于她偶尔的小心情,我不知道她会不会在某个时候突然想起小弟先生或者胡子先生,我也不知道她什么时候会遇到属于她的白马王子,我只希望她能得到真正的幸福。

　　大象先生也好,胡子先生也罢,小弟先生也好,某某也罢,终于都成了回忆。

　　我现在终于冲破了终点,慢慢地往前走,前面是大北的背影,她走得很慢,在等我一起跨向新的旅程。

讨债鬼先生也是我的高中同学，但我至今很好奇的是，为什么到现在为止，我和讨债鬼依旧是好朋友。或者说，我怎么会和讨债鬼成为朋友。

讨债鬼的朋友圈里，我认识的高中同学不在少数，谁给他点赞评论了，我大多都能看见。但是，经常活跃在他朋友圈里的人，我就不大熟了。随着高中时代的结束，人与人之间关系的好坏越来越以相同习性而划分了，我和他都慢慢有了各自的朋友圈。如今，他玩得好的高中同学，我一般已经不怎么在微信里互动了；而跟我比较要好的，有些他可能已经完全叫不上名字了，也不记得谁是谁了。

可是，讨债鬼依旧存活在我的朋友圈里，甚至很频繁。

我对讨债鬼是有好奇心的，我很好奇高中三年他是怎么雷打不动地每次都考第一名的。当然，这个问题，现在为止，我还没有得到最准确的解答。

高中时期，讨债鬼被封为一个传奇，因为几乎每一次考试，他都能稳坐文科年级第一的椅子。他永远都坐在第一考场的第一个座位，也许有过几次失误，但似乎都不影响他的名声。他的天赋似乎是与生俱来的，他每天看小说、睡觉、打篮球，心思都花在与学习无关的事情上，但似乎只要一个晚上的复习，隔天的考试他依旧如鱼得水。

　　我曾经默默地以"超过讨债鬼"为我的学习目标,但几乎屡战屡败,屡败屡战。我从前觉得他只是运气好,瞎猫碰到死耗子,但有时候不得不承认,他当时的学习态度和学习状态真的比我好。

　　讨债鬼的大学生涯,与高中的传奇截然不同。高中毕业的那一年,他以最高的分数光荣毕业,去了一所重点高校。之后,我再也没有听说过他的辉煌事迹,但是不传奇的倒是听说了。比如他的英语四级之路很坎坷,也不知道最后过了还是没有过,我忘了;比如他当时辛辛苦苦早出晚归地准备司法考试,结果没有考过。

　　他究竟过得好或不好,我其实并不清楚。唯一能肯定的是,在我和他成为朋友之后,他的传奇性质就好像一点点地消散了,成为了一个普通人。有什么关系呢?反正,我又不是因为他曾经的辉煌才和他成为朋友的。

　　大学时期,我和讨债鬼先生都在北方,相隔一个省份。在我决定前往北京工作时,他几乎是毫不犹豫地回了杭州,那一刻,我在想,我们之间的友谊很可能要走到尽头了,地理位置的距离,疏于打理的关系,大概会一点一点地扩充成彼此之间的空白,而后成了朋友圈里的陌路之人。

　　只是,当我们真正工作后,却发现彼此都还在,他分享他的律师工作,我讲述我的北漂生活,日子与往常并没有任何不同。唯一的变化大概是,他终于褪去了大学时期的浑浑噩噩,兢兢业业地履行一个实习律师的本分,而我也收起了敏感的心,朝着我的北京梦一路奋战。

当毕业成为一件过往的事,我们虽然不可避免地散落在各处,但幸好,我们可以彼此见证着各自的成长,分享生活中的喜悦。

生活不易,努力前行

就在毕业的浪潮涌来的那年,我眼睁睁的看着,越来越多的人离开校园,去往另一个地方,有人奔赴另一个校园享受更高的教育,有人胆战心惊,又或者信心百倍地走向未知的职场挑战未知的自己,也有人踏入迷惘的未来继续不知所措……

我也常常听说某某学长去了哪里工作,某某学姐在某个城市谋生,我会吃惊地感慨一句,却不会流露过多的情绪,因为我总觉得这些离我太远了。

直到托托跟我说她找到工作了,即将步入职场。

托托是我的好朋友,专业名称复杂,大概是与美术、染织品和服装有关。

我不止一次地跟托托幻想过未来,拥有一份稳定的工作,朝九晚五,下班后沉浸在自己的小世界里,有好朋友,有男朋友,有一个温馨的家,附近有超市,有电影院,有书店,有小吃街。

但,找到工作的托托,跟我说这些都是幻想,现实总不如想象。在生活中,也许因为出租车价格高而去挤一两个小时的公交车,也许因为餐厅的饭菜价格高而跑进菜市场钻进厨房。

生活有太多的也许,也有太多的不尽如人意。

托托说虽然工作有了着落,但住处也终于成了一个最大的问题。社会上再也没有像学校宿舍一样便宜又方便的住处了,任何一所房子的租金都要花去工资的一半甚至以上,吃饭会成为问题,更别说买书、看电影了,毕业后再开口问家里要钱也怪难为情的。

通过最亲近的人看到某个现实,总是清楚而又透彻。

于是,为了拥有我向往的这种生活,我努力去做一些事情,我希望此刻我的努力能够为我肆意幻想的未来做一些铺垫,这样当未来到来时,我能够不慌张、不退缩。

我羡慕她,羡慕那些数不胜数的,像托托一样自己租房,自己养活自己的人。多么勇敢呀,当时我在想我也不可避免地会成为他们之中的一个,后来,我果然是了。只是,与托托说过的想要有一份稳定的朝九晚五的工作,下班后沉浸在自己的小世界里,有好朋友,有男朋友,有一个温馨的家,附近有超市,有电影院,有书店,有小吃街的幻想,却始终还没有实现。

为了生活,我和托托奔走在城市的不同角落,一个人像一支队伍。没关系,我始终相信,我们现在所有的努力都会成为我未来路上的助推剂,哪怕进步一点点,我也不在意,只要进步,总是好的。

我们看到的,未必是真相

某小姐频频上热搜,因为她在微博揭露了某先生的"真面目",摆出"证据",说出"事实",在网络这个墙头草年代,原先还在某先生微博下评论"被你的爱情感动得稀里哗啦""深情如你"的人一转头义正词严地骂某先生"虚伪""可怕""不是人"。

一时间,世界好像被分成了两派,一派拥护,苦等某先生解释;一派直接一锤定音,给他"判了死刑"。也有人问我信不信热搜上某小姐讲的故事,我认真想了想,回:"就目前揭露的证据而言,具有一定的可信度。"

当时,某先生还没有回应,就某小姐晒出的证据而言,确有其事,但事实到底是否如某小姐所说,不可定论。撇开娱乐圈本身的"大染缸"性质不议,光看某小姐与某先生的争执,就像是两个吵了架的朋友，已经闹到了要绝交的地步。两个人都很生气，某小姐先发制人，抢先把吵架这事告诉了两人的共同"朋友"，也就是现在的网络平台。

小时候学过的"先发制人""快人一步"等成语，大致意思是说只要你先说或者先做，胜利很大可能性会偏向于你，即使事实真相不完全如你所说，但你很有可能赢得"先入为主"的印象分。

事实真相究竟如何？只有当事人知道，周围的观众看的只有热闹。

我曾经也"先发制人"过，但在好朋友托托的指点下，我发现自己"发"的不是正确的情绪，而是愤怒，是恐慌，是不安，是不知所措，而且最后"制"的不是"道理"，而是一种虚无的安定。

记得是在高一，我和一个朋友有过无数次不愉快，矛盾已然堆积，沟通无果，终于在一个课间，在我递给她一样东西时，她爆发了，当场对我甩了脸色，我先是愣住，而后愤怒、冒火。前后桌的关系顿时变得尴尬万分，我誓死不回头，她决心不说话。

那一刻，我装作若无其事，但内心十分煎熬，因为我觉得该生气的人是我，凭什么她先有了脾气，搞得我十分被动。那一刻，内心所有对那个朋友的不满喷涌而出，我恨不得立马找个人诉说我对她的容忍。

当时，QQ空间盛行，语文老师在讲台上讲课，我偷偷在座位上玩手机，打开闺蜜托托的留言板，留言说自己受了委屈，说自己从未这样容忍过一个人，说了那个朋友很多坏话，说得慷慨激昂，连气也消了。

晚自习下课时，托托在教室门口等我，一看到她，我立马扁着嘴，委屈得想哭。托托摸了摸我的头，把我拉到了操场，让我当着她的面把其中的故事好好讲一讲。我深呼吸一口气，把这件事的前因后果细细讲了一遍。

托托顿了顿，说："我觉得你有问题。"

不可否认的是，在这件事过去很久之后的现在，想起托托当时的反应，如果我不足够理智，如果我不足够自省，我肯定会生气，生气她为什么不站在我这边，为什么不站在我的立场上考虑问题。幸好，我深知托托是我的朋友，于是我忍着脾气问："为什么？我有什么问题？"

"你和她是两个人，你的通篇描述里，你把矛盾发生的错误全部归在她身上，你完美无缺，你觉得这正常吗？

"一个巴掌拍不响这句话是有道理的。你不能夸大她的一种动作和行为，从而把所有的错误都归结于她，你这样对她不公平。

"在这件事情中，你没有自我反省，你只看到了别人的错误,你有没有想过你真的有做得不对的地方呢?她这一次是把自己的情绪表露出来了,在她以前没有表露的时候,你自己是否有意识到自己做错了呢?

"你是我的朋友,你对我说了这件事,按理,我的确应该站在你这边。可是,你有没有想过,她会如何跟她的朋友讲述你们之间的故事?你觉得这两个问题有多少会是重合的?

"到底什么是真相?无论你如何客观地跟我描述这件事,这只是你的真相罢了。"

我与那个朋友的友谊,终究是在破裂的情绪里无法愈合,再也不能回到最初的关系。以前听说,生活中每一个人的出现都是为了给自己上一堂课,我在那一刻突然明白了这个道理。那个朋友的出现,是为了告诉我事实的真相永远不会停留在一个人口述的表面,我明白了,所以她走了。

会有人问起我那个朋友的故事,我常常以"这是秘密"回应,她的好,她的坏,都被我藏在了岁月里,谁也找不到。

后来,我一直在努力寻求事实真相的路途中,不放弃,虽然有时候被蒙骗,但我知道,只有维持这客观的态度,才可以最接近事实的真相。就像,那些从未来过北京的朋友总是问我北京长什么样,我每次都反问:"你打算什么时候来北京亲自感受?"

请学会更好地与伤害相处

他人制造的错误好像一片蓄意已久的乌云,浓厚地布满了整片天空,迟迟不肯散去。有时候,天会一直这样阴沉着,但乌云终会逐渐散开。

才子先生在北方城市攻读研究生,研究外国文学与比较文学。他的文章写得特别好,在学校很出名,但是通过一些断断续续的接触后,我却发现他现在的强大似乎都源自于他曾经受到过的伤害,而那些伤害,似乎像是挥之不去的魔咒,死死地缠绕着他。

我从不知道才子先生在幼年时期经历过什么,但偶尔会在他义愤填膺的公开言论中发现他试图隐瞒却又溢出言表的情绪,那大概是对所受伤害的不满与反抗,甚至是一种伶牙俐齿的反击。或许是过往的经历已经在他幼小的心灵上造

成了不可磨灭的伤害吧，这一种伤害在时间的作用下催化成
一种鞭策，督促他成为更好的自己。

记得有一天夜里，才子先生发了一条朋友圈，一首长长
的浪漫主义的现代诗，配了一张现实主义的图片，像素不高，
他拍的。我看不懂他的诗，也看不懂他的图，手指慢慢往下
滑，屏幕下移，才子先生的状态渐渐消失在眼前。

过了一会儿，才子先生说他不开心，因为不患寡而患不
均。我立马回朋友圈翻看才子先生的状态，评论里果然多了
他自己的一句话："好想以前那个破学校，有你有我，有转瞬
即逝的美丽误会。"

舞文弄墨的最大好处在于能够用寥寥几字，或者短短一
词，骂尽所有不堪的现象。

才子先生的故事，因为夜晚，讲得断断续续，大概是分某
笔奖金的时候，没有才子先生的名额，可他不是最差。那一
刻，看着才子先生近乎睚眦必究的话语，我突然发现不管何
时何地的伤害，都在他的心中留下了不可磨灭的印记。

我曾经以为那些年所受的伤害会在他逐渐强大的过程
中慢慢退化成一种记忆，而逐渐被他放下，但偶尔翻阅才子
先生记录的文字，那一种对过往的执着粘附着他的生活，非
但没有消退，反而有了愈演愈烈的趋势。

我时常会想起三毛，那个向往自由的姑娘，最后却走向

了死亡。在三毛小时候,因为她的偏科,老师在言语和行为上给予了当时的小三毛所不能承受的伤害。这段伤害成为三毛心头上挥之不去的阴影。

每每想到此,心是痛的。我一直觉得这是不该的,三毛不该结束自己的生命,或者不该记住那次伤害。那一次伤害,是为人师犯的一次错误,而我们为什么要拿别人的错误来惩罚自己呢?我们为什么要让别人的一个错误对我们漫长的一生中都产生影响,导致我们不能快乐地前进呢?

很多次,我都反省自己,是不是因为自己无法感同身受,所以才会站着说话不腰疼,表现得异常轻松呢?或许有吧,我始终无法成为一个当局者,我始终无法体会当局者的痛苦。

作为一个旁观者,我见过许多因为他人错误而痛苦不堪的人。

他人说错了一句话,你默默记在心里,内心十分痛苦,几日几夜辗转反侧,无法入眠;弟弟不小心摔倒,妈妈说你照顾不周,你很难过,父母的偏袒已经不是一次两次,你内心的不爽日益增加,但你忍气吞声,什么也不说,却在黑夜里躲在被子里流泪。

有很多错误,由于他人不得当的做法,从而影响到了你,看似不可避免,但我们可以将这些错误一一消化,就像是被虫子咬过后,痒过,痛过,最后成了一道疤。

疤痕永远褪不去，但痒和痛会成为一种记忆，埋藏深处。

面对那些伤害，才子先生所能够想到的最好方式是"报复"，聪明的"报复"——变得更加强大。听才子先生说过，那些年，他让自己沉浸在书的海洋里无法自拔。他博览了古今中外的许多名著，每读完一本，他都会洋洋洒洒地写下近万字的读后感。长此以往的积累，一点一滴地汇聚成属于他自己的力量。

才子先生在受到伤害后奋起反抗的行为，我很欣赏，那些伤害也成了他改变自己的契机。但我很想告诉才子先生——让那次伤害成为一种记忆吧，不是要你彻底忘记，而是要你不要再反复回味伤害带给你的苦楚，积极乐观地面对生活。

因为苦，所以不要回味。

《一代宗师》里有一句台词——"见自我，见天地，见众生。"北美将这句台词翻译为"Being,Knowing,Doing."我与大学老师谈及此翻译时，她说如果是她，她更希望用英文表达"自省、包容与慈悲"的含义。

见众生，即为慈悲。

面对他人的错误，我们最好的应对方式是"慈悲"，这不是让我们彻底忘记伤害，而是不过分夸大伤害，以及更好地与伤害相处。

真羡慕你知道自己想要什么

"真羡慕你知道自己想要什么。"

对我说这句话的人有很多，他们性别、户籍各不相同，但他们都有一个共同特点，就是他们都不知道自己想要什么。于是，我成了他们羡慕的对象，"知道自己想要什么"成了他们羡慕的事情。

我不止一次地解释过，我也是从一个不知道自己想要什么的年纪里过来的，我只是幸运地比你们更早经历你们现在所经历的迷茫而已。

对，那些说不清道不明的"不知道自己想要什么"的情绪，归结起来，不过"迷茫"两个字。

我在小学的时候就知道自己喜欢写作，而且都是在批评中意识到的。

有一次,语文老师在黑板上画了四宫格漫画,漫画里具体画着什么,我现在已经记不得了,但我记得她让我们根据这四格漫画,写一篇作文,明天上课前交。我一个人在座位底下暗暗发笑,我清楚地记得自己在同桌的作文书上看到过这幅漫画,一模一样,而且有好多篇优秀样文。

一下课,我装作漫不经心的样子,努力控制脸上的表情,跟同桌借作文书,而且是一副"你爱借不借""借不借都没关系"的样子,试图隐瞒自己的真实想法。同桌也没有起疑,二话不说把作文书借给了我。

放学后,我背着作文书飞快地跑回家了,端正地坐在房间里,翻开作文本,把优秀样文仔仔细细地看了一遍,然后挑选出我最喜欢的一篇,平平整整地摊开。接着,我郑重其事地找出作文本,一个字一个字地抄写上去。在抄写的过程中,我发现样文中有些字句用得不好,有些句子也不通顺,于是自作主张地改了,但整篇文章的思路跟样文没有区别。

第二天,我满心欢喜地把作文本交了上去,而且特意把同桌的作文书落在家里,我不希望别的同学看到这些文章,以防他们写得和我一样。在课堂上,我期待着语文老师表扬我写得好,但一节课里,她点评了许多同学的作文,却从头到尾没有提到我的名字。

下课铃响,语文老师走到我的座位上,让我跟她去办公室一趟。看着语文老师严肃的表情,我胆战心惊地去了,在办公室,语文老师把我的作文本摊开,旁边同时摊着一本作文书,跟同桌的作文书很像,正好也翻到了样文的位置。

我的脸"唰"地一下红了,但我死噘着嘴,什么也不说,心里暗暗地想,我可以说是自己写的,只是不小心写得一样了。

语文老师说:"说严重点,你抄袭了,盗取了他人的劳动成果。但我需要表扬你的是,这本作文书,我很早之前就让同学们买的,就这次的作文情况看来,或许只有你看了这本书。下一次,写自己的东西。"她的声音很轻,但却让我记忆深刻,作文是别人的东西,而我要写自己的东西。

更高一年级时,我已经会在本子上编写各种故事了。有一天,我在家里读图画书,读到两只老鼠的故事,我被故事情节深深吸引,但眼前的是图画,我心血来潮,把图画上的故事改编成了小故事,第二天兴冲冲地拿给语文老师看。

语文老师惊喜地问:"这是你写的?"

我拿出图画书,自豪地说:"我根据两只老鼠的故事改编的。"

语文老师拿起图画书,翻了翻,合上书,语重心长地跟我说:"作文最重要的部分,不是文笔,是创意。我希望有一天,你创造了一个故事,而不是你改编了一个故事。把东西从一变成二很简单,但从零变成一很难。"

在那个懵懂的年纪里，我比很多人都先一步知道了一些关于写作的知识，也正是在那些看似浅显的知识里，明白了许多深奥的道理，比如我知道我想要什么。

那些羡慕我的人，几乎如出一辙地说过同样的话，类似于"我很迷茫……""我后悔了……""如果时间重来，我一定会……"听得多了，我常常只是笑一笑，因为在很大程度上，频繁说这些话的人，其实大部分并不需要我的劝解，他们一边沉浸在抱怨老天的不公平、生活压力繁重、人际关系难处、工作不如意等烦恼的怨怼里，一边却又止步不前。

"新东方"创始人之一徐小平曾经说过一句话："人生没有设计，你离挨饿只有三天。"听起来，似乎有点耸人听闻，但我真切地感觉到，在当下竞争激励的社会，"人生需要规划"其实是每个人必须需要拥有的观念。只是，世界上那么多人，能真正按照自己意愿活着的人，却少之又少。

哈佛大学一位社会学教授曾经对1000名即将毕业的本校学生进行访谈，问题很简单——您对自己的人生有没有清晰的人生规划。很可惜的是，只有不到4%的学生对自己有清晰的人生规划；大约16%的学生虽然有规划，但不是很清晰。

三十年后，教授重新回访这些学生，与965名学生取得了联系，并对他们的健康、家庭、事业、情感、财务等多项指标进行了统计。

数据表明,当年毕业时拥有清晰人生规划的学生,在以上的各项指标中得分都是最高的,他们不仅拥有健康的身体、美满的家庭、成功的事业,还获得了平衡的心灵和令人羡慕不已的财务自由;而不到16%的有模糊的人生规划的人成了各行各业中的专业人士,虽然其中不少人薪水较高,但健康、家庭与心灵等诸多方面产生了不少矛盾;占据比例最高的是没有任何规划的人,在工作几年后,一旦衣食无忧就不再持续努力了,大多数人都没能取得非凡的成就,只能作为一个平凡的职员、技术人员或销售人员,甚至还有不少人靠政府的失业救济金勉强度日。

世界名校也不能保证每个人都能成功,更何况我们这些普通人呢?

我们如何才能成为那4%的人,拥有完美人生的“幸运儿”呢?关键就在于你对自己一定要有清晰的人生规划!没有计划的人往往平庸,而用心规划的人生才更容易成功。

我每时每刻都在试图搞清楚自己在想什么,做什么,想要什么,想做什么,为什么想要,为什么想做。可是,在搞清楚自己的过程中,我也会模糊,会弄不明白自己。是不是人的一生都在摸索自己,直到老去、死去呢?

我曾经很羡慕一个少年——约翰·戈达德,他在15岁那年,在“一生的志愿”的表格上认真填写了127个目标,包括但不限于：到尼罗河、亚马孙河和刚果河探险；登上珠穆朗玛峰、乞力马扎罗山和麦特荷思山；骑上大象、骆驼、鸵鸟和野马；探访马可·波罗、亚历山大一世走过的道路；驾驶飞行器起飞降落；读完莎士比亚、柏拉图和亚里士多德的著作；写一本书……

他给每一个目标都编了号，他说这些是他的生命志愿，他要用生命去一一完成。

16岁那年，他和父亲到了乔治亚州的奥克费诺基大沼泽和佛罗里达州的艾佛格莱兹探险，完成了第一个目标；

18岁那年，他踏着漫天落叶离开了自己的家乡；

20岁那年，他成了一名空军驾驶员；

21岁那年，他已经游历了21个国家；

22岁那年，他在危地马拉的丛林深处发现了一座玛雅文化的古庙。同年，他成了"洛杉矶探险家俱乐部"有史以来最年轻的成员……在亚马孙河探险时，他几次船毁落水，差点儿死去；在刚果河，他几乎葬身鱼腹；在乞力马扎罗山上，他遇到雪崩，甚至被凶猛的雪豹追逐。

60岁那年，他已经实现了106项目标。

这在我看来实在是一个奇迹，但我知道，是他的规划一步步带给他人生的奇迹。

只要开始，只要坚持

不止一个人跟我提起：我每天坚持写一篇文章，其实没有过多的意义。听到这话，我顿住了，我是一个追求意义的人，所以不止一次地思索，我是不是还应该继续坚持每天都写一篇文章。

跟我提建议的人，说我这样每天写一篇文章起不到什么效果，因为有时候匆匆忙忙地写，写得也不好，甚至有点像流水账，还不如累积灵感，每两三天写一篇文章。

有些话，在别人的嘴里，好像的确很有道理，只是，我仔仔细细地听完这些建议，最后是否接受，还在于我，在于我的思考，在于我的认知。

小时候，语文老师常常让我们坚持写日记，记录下每一天的生活，当初的日子除了吃喝玩乐，难得发生一两件意义深刻的事情,那么坚持写日记的意义何在?

后来,我慢慢明白,坚持,就是最大的意义。

我曾经特别迷《憨豆先生》。不仅仅是因为搞笑,更欣赏憨豆先生艾金森对生活的坚持。

他刚出生时,与别的小孩"很不一样",确切地说,他有智力障碍。于是高中时候,父母让他参加学校的篮球队,希望他能通过体能的训练而对智力上有所提高。然而几年下来,他的水平仅限于一直站在篮筐下练习投篮。屡投不中,从没有上场的机会。

直到高中毕业前,艾金森所在的篮球队参加了最后一次联赛。对手是上一届的冠军,才到半场,艾金森所在的球队已经落后几十分。中场休息时,有队员突然建议:"赢比赛恐怕已经无望了,就让艾金森上场一次吧!"

于是,下半场,艾金森上场了,站在熟悉的罚篮线上重复着他做过无数次的投篮,但篮球却一次次地偏离轨道。双方的比分差距越来越大。

不过,艾金森没有放弃,他一直在坚持,不停地投篮……终于,离比赛结束还有4.8秒,艾金斯的篮球在空中划过一道漂亮的弧线,稳稳落入篮筐——这是他生平第一个进的球!

此刻,比赛的结果已经不重要了,无论是对方球员还是观众,都为他的坚持和执着喝彩。

后来，一个偶然的机会，《非9点新闻》的导演看到了艾金森投篮的这一幕，决定让他主演一个新栏目。不久后，《憨豆先生》风靡全球。

我想，如果没有那场刻骨铭心的球赛，这世界上不会有憨豆先生，而是多了一个"智力障碍者"。

所以我相信，每个人身上都有属于自己的天分，但只有在坚持的前提下，天分才能寻得自信，释放出所有潜力。

就像，刘墉曾经说过："天才，不见得是过目不忘、一目十行的高度智商，而是一种说不出的、对任何事务自然所具有的怀疑态度、好奇的想法，与不达目的绝不终止，近于傻的冲劲。"

坚持，确实是不容易的。我有一段时间十分繁忙，工作慢慢步入正轨，偶尔还要奔波于学校和北京之间。回到家，都晚上九点多了，有时甚至更晚。一个人走在暗黑的小路上，雨伞在手中握得很紧，生怕有坏人。的确，我终于拥有了我想要的生活状态，尽管很疲惫，痛并快乐着。回到家，整理完一切，爬上床，有时候真的连电脑都不愿意打开，只想这样躺着，然后听着歌，入睡。

始终还在坚持的习惯，可能就是看书。早上出门之前看一个小时的书，在地铁上也看书。在我还没有强大到可以独当一面之前，我必须看书，看别人的世界，看别人的生活，丰富我自己。

　　坚持，就会寻找到一件事的真正意义。

　　因为忙，很多事情都会简化。我在某一刻突然意识到，我已经很久很久没有动笔写过小说了，灵感有，思路有，却一直无法静下心。生活中，我浪费了很多零碎的时间，这些时间如果被利用起来，说不定我就能写出一篇小说。可我终究没有做到，这的确是我的问题。

　　坚持，有时候真的很难，就是因为难，所以充满了意义。

　　周末的时候，我会坚持录音，电台的粉丝快要达到两百人了，收听人数也已经近一万五千人，这些小小的坚持，让我做的事情变得有意义。

　　和朋友，也始终保持着断断续续的联系，但是大家距离远了，工作也忙了，我做不到和每一个朋友保持着亲密的联系。而且我们也都长大了，理应成熟，一星期给家里打几次电话，感受家的温暖。我一直认为，感情是需要维护的，这种维护刻意也好，无意也罢，只要是向善的就好。

　　感情的坚持，于我而言，也是一种意义。

　　晚上八九点的时候，一个认识许久的小朋友问我是不是很忙，因为我很久都没有更新公众号了，她又说其实她很想看到我的公众号更新。面对这样的话语，我突然意识到，我好像应该写一写公众号了，哪怕只是写无聊的生活和日子，可是，重要的是写的过程，不是吗？

只要开始，只要坚持，这件事情也就有了意义。

一个小有名气的青年作家在接受采访时，说过这样一段话："我不清楚别的专职作者是如何把写作培养成职业的。在我的想象中，拿爱好当工作是件痛苦的事，会磨灭创作的热情。只有在忙碌的状态里，我能写出比较满意的作品，真的整暇以待，反而捕捉不到什么灵感了。"

我不知道我现在的工作算不算是我的爱好，我的爱好是写作，把自己曾经经历的，正在经历的，将要经历的故事，把看到的、听到的故事都写出来，写给自己看，偶尔也给朋友看。我一直在想，只要每天都有时间写一点，我就很开心了。我现在的工作是编辑，主要的工作是看稿子，看别人写的东西，同时也要挖掘更多的人来写。自己偶尔也写，但不是最主要的部分，所以这份工作虽然说是跟爱好的文字挂了钩，但不能算是把爱好当成了职业。

我每天都在网络上与素未谋面的作者日复一日地沟通，每天对着电脑屏幕日复一日地看稿子，偶尔会遇到一些奇葩的作者，需要花点时间与其周旋；偶尔遇到一些头疼的稿件，写得天马行空，甚至到了我完全没有办法看懂的地步。

直到工作变成了习惯，我就很少去写东西了。某些擅长的领域，一旦长时间未涉足，就会变成一个自己好像从未走过的地方，再次遇到时，内心油然而生一种恐惧和害怕。因为害怕，我督促自己下班后，回到家吃完饭，花一两个小时看书写字。

我的日子过得很安逸，每天的节奏都是慢吞吞的。我花大把的时间阅读、锻炼、做饭，但我没有我想象中那样快乐，因为我没有把时间花在写东西上。周末不上班的时候，有时候我会去图书馆，看一整天的书；有时候约一两个朋友，吃个饭，聊个天。在看书的时候，在与朋友交流的时候，我是快乐的，但是放下书的时候，一个人默默回家，失落和空虚便会像一场翻天覆地的云雨般侵袭我。在这样的安逸中，总感觉少了些什么，但具体少了什么，我却始终毫无头绪。

自己连自己的感觉都无法表达清楚，我开始变得压抑，但是改变是困难的，我还是沉寂在我日复一日的生活里。上班的时候，我开始觉得自己是个傀儡，不断地看稿子，不断地跟人在网络上周旋聊天，除此之外，我似乎真的不知道自己还要做什么事情。休息的时间，我就一直不断地看书，看书的速度变得越来越快，但是我很少动笔，明明有很多的灵感，但我还是很少动笔，总是害怕自己写得不好，没有办法写出自己想要的效果，也无法达到朋友的期望。

内心似乎有一种急于求成的渴望，实际上却什么也不想做、不敢做，我是想成为一匹默默无闻的千里马，等着一个伯乐挖掘我,带着我步入某条星光大道。然而,千里马的本质在于它能够日行千里,拥有足够的潜质和能力,然而我却像是一具死尸,毫无生气。

终于有一天,我意识到自己不能再这样了,心甘情愿地堕落只会让我变得越来越糟糕。于是,一颗心死灰复燃,我开始了每日一写的计划,每天写一篇多于一千字的文章,这就是我最想做的事情。

刚开始两天,灵感特别多,能量也很充足,每天利用午休的时间,就可以写成一篇文章。到了第三天,写东西的灵感突然消失了,我对着电脑屏幕,一个字也打不出来,我想要放弃了。

放弃是两个字的决定,但是如果真的放弃,我想我一辈子都会瞧不起自己。两个字的决定,造成一辈子的懊悔,不值得。我走出办公室,让脑袋呈现放空的状态,深呼吸一口气,再回到办公室,定坐在电脑面前,让自己静下来。

我在坚持。并且,我每天写的东西远远超过一千字了,不过就算一天只写一千字,一年三百六十五天,最少也有三十万字。这是一个巨大的数字,从前根本不敢想象。

只要坚持,梦想会成为现实的。我在往自己认定的方向走。

写作到底值多少钱?

很久以前,我幻想着成为一名作家,一年出一本书,期间给不同的杂志、报纸等媒体写写专栏,靠着写作的收入支撑未来的生活。

记得小学时, 常常对隔壁办公室的女教师心生嫉妒,因为她每个月五号都会收到一张浅绿色的邮局的汇款单,然后下午骑着自行车去邮局取钱。看着她的背影,我不想知道她究竟赚了多少钱,但我会想如果我能像她一样就好了。在我的心中,用文字赚钱是一件特别值得自豪的事。

后来,我成了一个编辑,其中一项工作是给写作的人打稿费。有时候在算钱填金额的时候,不禁在想,如果我与隔壁办公室的女教师还有联系的话, 如果她会写书的话,那我一定会亲自把稿费送到她的手上,同时表达出我真诚的嫉妒。当然，我大概也会因为这微薄的稿费表达我的歉意。

普通人写的作品并没有我想象中那么值钱。或者换一个说法，写作这件事并不是"多劳多得"和"多优有得"。由于现代化市场的迅速发展，写作的"价值"越来越跟"名"这项指标产生了直接联系。

一本书在正式面世之前，会先经过选题申报这一步。选题申报是指我提出这个选题，由上级部门审核是否具有"价值"，通常是衡量能不能卖得好，能卖多少钱。卖得好这件事其实很主观，即使我认为这本书质量非常好，肯定能卖个几万册，但上级部门问两三句——"作者有知名度吗？""这人有名吗？""有没有哪个大号推荐过？"我弱弱地回："作者是个新人。"

很大程度上，这本书连选题都不会通过。

假如换一个老作者，即使写得不如新作者好，但是在选题申报表上堆上一堆老作者的作品，或者列举一下老作者的本身资源，上级部门可能连稿子质量都不问就直接打勾通过了。

当然，老作者也是按照名气程度分类别的。分类最主要体现在稿费上，如今看起来像是一个分级制度。

一般的老作者，如果出过几本书，但销量一般般，那通常也是按市场普遍价格走；如果出过几本书，但销量还不错，在价格上会酌情增加一些；如果出过的书成了爆款（爆款的意思就是广为流传，阅读量上了100000+），好比现在市场上流行着的鸡汤故事集，稿费通常会远远飙升，也就有了新闻媒体报道上的"百万""千万"。

我遇到的通常是辛辛苦苦写了十万字，最后拿着两三万块钱走的老作者，不过也遇到过稿费低的和稿费高的。至今，我对那一位拿着低稿费的作家仍旧心怀愧疚，作为一个编辑，我除了要考虑书的质量，我必须也要考虑成本，因此，"名气"成了我谈判的资本。犹记得，我无比认真地跟他说："你的书可能会卖得不好，我们也要有成本衡量，所以版税要低些。"诸如此类的"甜言蜜语"，他接受了，我更不安了。

有一个曾经出过好几本书的男作者打算出新书，发了几万字的样稿过来，打算新旧结合，组一个散文集。他的文笔老练，一看就是在文字里打过滚的人，最重要的是字里行间透着一股"不忘初心"的情怀，我很喜欢，于是谈了合同，一切按部就班地进行着。

直到昨天，他突然给我发微信，说："在不在？我突然想到一个细节，我们可以在每篇文章的后面放一个支付宝或者微信的二维码，读者看了觉得好，就随时打赏。你觉得可行吗？"

我看着手机屏幕愣住了，不知道该如何回复。从专业角度上说，你已经根据合同拿到了市面上合理的稿费，为何还要一个花了钱买你书的人再付一次钱呢？如果读者打赏了十块钱，你心里是不是还会嘀咕：真小气。

顿时，我对他的好感消失了，取而代之的是，一看到他的文字就头疼，甚至会不自觉地想象他丑陋的模样。

一天，主编给我推荐了一个女作者，她曾经在某些公众号上写过几篇爆款的文章。主编吩咐我做一个有关于她的选题，谈一本书的合作。于是，我有了她的微信，简单地聊了几句。

之后忙于七七八八的工作，虽与她没有过多的交流，但是她的朋友圈每天都很热闹，她每天都疯狂地转发她自己公众号的文章。她开了两个公众号，我看过几篇，大多写的是鸡汤，延续了一贯的路子，没有什么值得深读的营养。

而她似乎坚信自己写得很好，文章开头和末尾都写着"多打赏，点广告"之类的话，在朋友圈计算着阅读量和后台关注人数。我对她本就不多的好感，在她频繁的朋友圈里消失得一干二净。

写作赚钱，在我看来是一件无可厚非的事情，而且能够依靠一件自己感兴趣的事情，换取同等的奖励，这是一件多么值得骄傲的事情。

可是，如果一开始，写作的目的就是为了赚钱，或者为了名利，那多多少少总是失去了一些味道，甚至自文章面世的那一刻起，就充满了污秽之气。

朋友曾说过一句话：说话容易被误解，而文字便是他人了解自己的最好途径。写作的人，写下的是文字，表达的却是自己。我们表达的自己是干净而安静的。也许不为人知，但起码我们在重读这些文字的时候，能看到一个真实的自己。

故事里常说"不忘初心，方得始终"，那到底什么是初心呢？我希望你忠于写作的初衷，不为名，不为利，只为想让这个世界了解你。

书是精神食粮，吃进肚子里的东西，必须健康，以及能提供能量，所以我大多时候都很在意"质量"这件事，我不希望因为你有"流量"而降低对"质量"的要求。很多次，我和朋友谈起，我不理解有些人为什么要买"流量书"？后来想通了，大概每个人对"质量"的定义不同吧。

同样，在我心目中，写作是无价的，无法用任何东西来衡量其价值。

有些人的写作，无论稿费多少，都称得上是"写作"；而有些人的写作，更趋于一种利益的包装，在我看来，这不叫"写作"。

我希望有一天我能成为隔壁办公室的女教师，每个月五号都会收到一张浅绿色的邮局的汇款单,然后下午骑着自行车去邮局取钱,无关价值多少,我写作的目的是为了跟自己对话,跟读者对话。

当有一天,我们不再用"价值"来衡量一件事时,或许会更有"意义"。

你从来都是一个人

当编辑的日子里,我的邮箱里常常会收到各种各样的人投来的各式各样的稿子,成熟的作者已习惯或者完全熟知了投稿的套路,通常只发内容简介和一章样稿,但更多的是涉世未深的作者,他们常常会把整本书的内容都发给我,最长的有十几万字。

虽然主编之前曾经强调过,编辑在判断稿件时只需看样章就要判断出是否值得出版。所有的道理都能懂,但在真的遇到投全稿的作者时,我通常还是会心软。我会先回邮件表示稿件已经收到,然后挤出时间争取把稿子看完,看完后再认认真真地写下自己的读后感。

我一般都是先指出问题,最后才会鼓励——写作是一条需要坚持的路,多坚持一会儿,或许你就能看到不一样的风景。

这些话,都来自于我的感同身受。我喜欢写作,也在这条路上断断续续地坚持了很久,有过自信心爆棚的时刻,也有过跌入谷底的瞬间。我能理解每一位作者投稿时的心情,抱着偌大的希望,忐忑不安,却又生怕自己的稿件不够优秀,无法在卷帙浩繁的投稿中脱颖而出。

身在这份职业中,我知道大多数的投稿,通常都会石沉大海;身于写作者的行列,我看到无数人依旧坚守在这条路上,奋力向前。

虞城是我去年遇到的一个作者,他一次性投了两个长篇小说。看到邮件的那一刻,我叫苦不迭——天哪!一篇十万字,两篇二十万字!尽管,有很多次都想装作视而不见,但我还是断断续续地看了。

不记得是花了多久的时间才看完,但好在全部看完了。我认认真真地写下读后感,大概的意思是对于不能满足出版规范表示遗憾,最后鼓励他希望他坚持,争取能早日看到胜利的曙光。

他也的的确确没有放弃,也的的确确在坚持,陆续发过一些短篇小说给我看,偶尔会跟我探讨有关于文学的事情。在随后的聊天中,他说起自己当初想出书的想法,是在看了某个当年很红的诗人的诗后。大抵是觉得这样都能出书,他应该也能出本书吧?

我告诉他,一开始,那个诗人的书是自费出版的。

后来,他又给我发了一篇小说,幸好不是十万字。我大概花了一周的时间看了他写的,总共一万五千字,相较于以前,他的确有了进步,无论是语言还是叙述,虽然我感觉在大概一万字过后,突然一个急刹车,原先好的部分突然没了。

虞城说,这本书计划也是写十万字,八月之前写完。我对此表示鼓励,过了一周,虞城又继续写,这回大概写了三四万字,又发给我看。在我正式看之前,他自己又来回修改了几次,某天早起看到他凌晨给我发的微信,说改好的稿子已经发到我邮箱了,当时我猛然一阵心酸。写作这件事很孤独,在真正遇到属于它的读者之前,就好像是一趟孤独的旅程,无人做伴,也看不到前方路的方向。

因为工作的缘故,我很久都没有给虞城回应,他在微信上问过我几次,我都说还没有看完,请他等等。在这之后,他三番五次地试探过我的口风,我都一笔带过了,直到我真正看完,才写了读后感发给他。读后感写得很直白,因为他之前说希望我直白,希望我按照出版物的水准批改。

我照做了。

故事后来的发展其实让我颇感意外,虞城似乎被我的读后感伤害了,他先是说"跟你之前的看法完全不一样啊",而后的态度有点低沉。我解释说,因为之前只是看了一万字,现在已经三万多字了,错误自然暴露得多,而且这一次是你要求我说话直白的。

比起以前的长篇大论,虞城当下的反应让我猛然察觉到他很低落——"没名气的在写得特别好的情况下还得熬着,看运气。""如果不行的话,我有可能就不写了,一心一意当中介了。"

我心有不安,主动去安慰他:"写作是一件要一直坚持下去的事情,不能以如果写得不行就放弃了为想法。"

他说:"我估计没啥时间了。而且就算想写,我也不知道自己该写什么了。"

我回:"你的心态不对。写作是一件需要坚持,而且很耗时间和耐心的事。"

他说:"可能我能写得出来,但看的人很少。"

我回:"很多作家在一开始写作的时候,从来没有读者。"

他说:"我知道。"

　　我不知道应该继续说什么,手机来来回回地看,但一个字也打不出。好像是我把他推入了万丈深渊,此时此刻我却要徒手将他拉上来,一种无能为力的失落油然而生。

　　第二天,虞城发来微信消息:"我觉得很荒诞,不说老作家,很多新作家的书,好像我的弃稿啊。"

　　我回:"市场如此。"

　　他说:"我头疼,又重感冒。"

　　我回:"不要找借口。"

　　他说:"其实能写出这种书也是本事。我觉得那些作家不是没有真本事,只是为了市场一而再再而三地降低了自己的水平,处处迎合。"

　　我回:"愿你出走半生,归来仍是少年。"

　　他说:"可能是我今天特别脆弱,真病了。"

　　我沉默了,陷入一种自责中,自责自己剥夺了他人的希望,而后又自我安慰地觉得如果他连这个困难都无法跨越,前路凶险,又该如何继续行走呢。

　　写作本就是一个反复的过程,重要的是心甘情愿,而且要坚持不懈。

　　更为可怕的或许是,写作是一个人的,无论你是否拥有读者,又或者是否拥有真心诚意站在你身后的支持者,又或者你自诩拥有他人不能及的天分,可你始终还是一个人。写作的过程是一个人,体会其中的酸甜苦辣也是一个人,而且很可能你要一个人走到头,如果你中途放弃,虽然可惜,但也没有什么好责怪的,因为我们从不强求去吃苦。

如果你一路走到底,无论最后看到的是什么样的风景,回头时,你一定会热泪盈眶。

Chapter 3

会好的会好的

　　每个人的心中，都有太多太多的苦楚不能与人说，怕没人懂，怕有人笑。但生活就是，也只有到了绝路，才有机会逢生。

　　大抵也只有一段不朽的经历，才能撑得起生活中的野心、奋斗和努力。

'它已经结疤,我不痛了

　　每个人之所以成为自己，是因为先前那一段长长的经历，大抵也只有一段不朽的经历才能撑得起生活中的野心、奋斗和努力。

　　很小的时候，奶奶低价收购图书，她常常把书分门别类地整理好，一捆捆地堆在房间的角落里，我知道她的房间里有很多书，于是经常偷偷溜进去，手里拿着一把剪刀，把绳子剪断,把书一本本摊开看,大多的书都印了密密麻麻的字,我看不懂,只能勉强看明白几幅图画。尽管如此,我还是能在奶奶的房间里一待就是一整天,看一整天的图画,直到奶奶寻着声音找到我。

　　小学三年级,我特别羡慕一个会讲故事的小姑娘,所以要求妈妈给我买一本带拼音的故事书。后来,我特别开心地报名参加讲故事比赛，老师问我讲什么故事，我自豪地把我的故事书给她看，老师看了看故事，又翻了翻我的故事书，说："你再选一个故事吧，这个故事留给某某某讲。"某某某就是那个我一直羡慕的会讲故事的小姑娘，我很委屈，心里却又害怕老师会不让我参加讲故事比赛，最后我只能在课外读本上选了一个很长的故事。

讲故事比赛上，那个小姑娘手舞足蹈地讲得很欢快，而我孤零零地站在操场上，嘴巴都说干了，还是说不完这个长篇故事，后来我只感觉到自己的嘴巴在动，我不记得自己讲了什么情节，我甚至都听不到自己的声音。小姑娘最后拿了一等奖，而我没有安慰奖，甚至没有一杯水，可是我没有哭，我要求妈妈再给我买很多很多的故事书，自己在家从头翻到尾，把每个故事都熟记于心，但我再也没有参加过讲故事比赛。

小学五年级，某个礼拜的周记，我写了一篇《我喜欢》，全文还不到五百个字，可是当时的语文老师给了我"优+☆☆☆"的奖励，还在全班面前朗读了我的文章。

"优+☆☆☆"的奖励在当时对我来说意味着什么呢？像是一束温暖的阳光照进我暗淡的生活。当时我并不懂写作，但是从那一刻起，我感觉自己与众不同了。也许很多人都很难理解我的兴奋，我的"拨开云雾见天日"。小时候的我是一个毫不出众的小孩,长得不好看,成绩不好,什么都不是最好的,可是在那一节课里,我瞬间成了全班的焦点和关注对象,这其中的意义哪里是一篇作文的奖励能及得了的。我猛然意识到,我原来还有这样的一条路可以走。

小学六年级,我开始在各大作文比赛里获奖,赢过分量很足的奖状,赢过很贵的保温杯,赢过一套童话书,赢过掌声,赢过我自己的自信,我的自信一点点累积起来。

中学,我在班级里遇到过一个强劲的对手,她的语文成绩永远都比我高,我再怎么努力也赶不上她,我总是排在第二。我的心里很不舒服,有一种我一直以为非自己莫属的位置被别人抢走了,我又抢不回来,最骄傲的自信被深深地挫败,但碍于面子,我只能装作不在乎。

所有的不以为然都成了暗处深深的自卑。可是那个对手后来对我说,她曾经也像我讨厌她一样讨厌我,因为我威胁到了她的地位。

我当时写过两本校园小说,写满了五本本子,我很少把它们拿给人看,但还是有人慕名而来,称我是"小作家",当时我有多享受这个称谓,却不曾想过会成为后来一生的梦想,甚至一生的追求。有一本小说写的是当时的友情,天真、单纯,送给了好朋友;另一本写当年朦胧的暗恋,幻想大于现实,至今那本小说还保留在老房子的抽屉里。

　　高中，我开始买很多书，以至于成了某网站的VIP用户。不同于现在的是，高中只有买书的冲动，买别人口中的好书，买老师推荐的书，却从来不看。成堆的作业、试卷和测试，每一样都让我喘不过气来，我没有任何时间去看书，也没有任何时间去写东西。偶尔写过几篇短篇小说，现在也慢慢找不到原稿了。某次语文考试，作文拿过一次满分，全校都轰动了。可是后来，没有新东西的注入，在我脑海的容量里挣扎的只有一堆旧东西，作文成绩也变得不上不下，日子过得十分平庸。我好像什么都没有了。

　　大学，我兴冲冲地报名参加报社，却在复试的时候连一篇稿子都无法应付，我记得自己的梦想，却忘记了自己的实力，我不敢告诉谁，我这么骄傲，这么有自尊，实在不甘心自己主动露出伤疤。心中有太多太多的苦楚不能与人说，怕没人懂，怕有人笑。

　　但生活就是，也只有到了绝路，才有机会逢生。我在大学一开始就真的遇到过人生的一条绝路，要么跳下去大难不死，要么掉头回去。还好，我记得自己的梦想，我开始看书，看很多很多的书，一年计划读一百本书；我开始写东西，每天都写，写完一本又一本的笔记本。这条所谓的人生的绝路，才真正地被我逢生。

　　这些故事，只要我不说，永远也不会有人知道。

这些故事，我捡起来再说，不过也是多看了几本书横生了许多感慨，不过是把当年的伤疤拿出来供你欣赏一番，别担心，它已经结疤，我不痛了。

这些故事，你看看，就过去了，我不会再提了。

我始终相信，每个人的背后都跟着一段故事，才支撑他们变成了现在的模样。

欢迎不完美的你加入我们

行走至今，我们似乎总是不断地寻找自己的影子，或者过去的自己，但我们不知道这样寻找的意义是什么。

有段时间，公司准备招聘，同事掌管着简历的渠道。有一天，同事很兴奋地指着电脑里的一份简历跟我说："这个人跟你很像，你一定要亲自面试。"我瞄了一眼简历，照片上的姑娘很精神，简历也很规整地写了一页，井井有条，像是精心准备过的。

这天,简历上的姑娘来面试了。我黑着一张脸,接过她的面试材料,其实我不严肃,只是同事属于面善型,一个故事里总要有一个红脸,一个白脸。

姑娘很紧张,说话总是不自觉地抢走发言权,又急于想留一个好印象,因而显得不够成熟。她带了一份简历,三份作品和数张奖状,作品是她的小说,奖状是她写小说获得的奖励。我瞄了一眼奖状,开始看她的作品,看着看着,我有点心慌。

我想起自己去年三月份面试时,也带了自己的作品,一本精心制作的杂志,以及自认为写得不错的文章合集,做成一个简单的小册子。面试官看了一眼我的作品,悠悠然地冒出一句话:"像这样的作品,其实还是不要拿出来的好。"当时的我,很羞愧,但是面试官没有继续说下去,只剩下我一个人在空气中不断地猜测她究竟是在说我写的文章不够好还是我做的排版不够精美。

可是,不管是哪一样,我都很心慌,在面试官的面前无地可遁。

我扮着红脸,神情严肃地说:"你能写这么多字,真的很值得鼓励。不过,每一句话都不加标点符号这个习惯,我个人不大喜欢。"姑娘解释说手头上这本不是最终的稿件,是她的初稿。

我又问她："既然你来面试,为什么不把最终的稿件带过来?所以,我只能把现在手里看的当成你的终稿。至于你这篇文章获得的奖项,我保持我的猜测。"姑娘顿了一会儿,说:"不加标点符号,的确是我的失误。我希望在以后的实习中,能改掉这个毛病。"

我拿过姑娘的简历,仔细地看,她的专业是财务管理,跟她想从事的工作相差十万八千里。我心想,这或许又是一个追梦的人吧,意识到自己真正喜欢的是什么,所以甘愿放弃大学四年所学,一头撞进未知的领域。

时常,我会想起一个朋友跟我说的话:"不是所有人都能跟你一样,学了自己喜欢的专业,做着自己喜欢的工作的。"一度,我觉得这句话里的语气充满嫉妒,但也有满满的无奈,但对我而言,是不理解。我不明白为什么明明知道自己喜欢什么,却不去追求呢?

想到这,我忽然觉得姑娘是一个特别勇敢的人,她敢于放下大学四年的积累,进入一个她从未深入过的行当里。她知道自己一定会遭遇拒绝,但是她还是硬着头皮往前冲了。对于工作已经半年多的"老干部"而言,她更像是一张白纸,什么都还不懂,什么都还不会。

同事一直问我,对姑娘满不满意,是接受还是拒绝。我说我很难决定,我为她的勇气点赞,但是从公司的角度上考虑,她不合格。后来,我跟同事说:"如果有100%的决定权,其中51%是我希望她来;49%是我不要她。至于这决定性的1%,由你决定。"

最后,同事给姑娘发了一封邮件。

"其实我很喜欢你。你也许不够完美,但我们都不完美。所以,也欢迎不完美的你加入我们。"

故事到这里,还没有结束,姑娘又回复了邮件。姑娘不是北京人,也不在北京念书,所以租房的问题成了首要难题,她在邮件里小心翼翼地试问:"我是否能和同事合租?"

看到这句话,我又想起刚来北京时的场景,站在偌大的火车站广场上,望着人山人海,我在想哪里才是我的安身之处呢?我会像传说中的一样,住在一个潮湿的地下室吗?我会像小说里写的那般,吃了上一顿又开始操心下一顿吗?我会像歌曲里唱的那般,找不到前进的方向吗?

到一个陌生的地方,我最担心的就是落脚之处。曾经有一个朋友在北京玩了几天,我问他对北京的感想,他说他在北京没有归属感。我笑着说:"如果你在北京有一个永远亮着灯的房子,或许你就有归属感了。"

朋友没有回复,我也不知道我的回答是对还是不对。

在遇到严峻的考验时,我希望每一个人都考虑清楚,不要一时冲动,也不胡乱决定,因为这是我们自己的人生。

姑娘什么时候来上班,我没有问。我希望她能做着自己喜欢的事,过着自己喜欢的生活,开开心心的。当然,我更希望她能与我并肩作战,因为茫茫人海,遇到志同的人不容易。

会好的会好的,只要再等一秒

工作后,我很难有大口喘息的机会,即使我会努力抽出休息的时间,但这时间很短暂,短得在一瞬之间便会消失得无影无踪,还没等我反应过来,我又重新陷入忙碌的节奏之中了。

临近下班,我的眼睛还专注在电脑屏幕上,工作计划才做了一小半,困惑接踵而至,每一天似乎都忙得不可开交,却还有一大堆的事情在等着我。

突然,电话响了,朋友的声音,他直接奔向了主题,我在他的提醒中猛然记起先前答应朋友的策划还没有开始写,我心慌地应付着,说夜晚之前一定完成。挂了朋友的电话,我轻轻地舒了一口气,这不是喘气,而是一种无可奈何的感叹。

我看着电脑,突然有头像在闪,我点开,另一个朋友又直奔主题,我又记起自己之前答应帮他写一段话,结果又被忘之脑后了。我深呼吸一口气,手指在电脑上敲打,我说我还记得,会在答应的时间之前发给他。

我常常这样,朋友要我帮忙,我会先问截止时间,如果觉得时间充沛,一般都不会拒绝,不过有时候记性不太好,而且我总是习惯拖延到了最后时刻才开始做。好不容易有了喘气的时间,我可能会偷偷小闲,看看电影听听歌,等到突然意识到自己还有事情没有完成,喘气的时间立马变得少得可怜。

有时候生活就是这样,并不是没有喘息的机会,就如马睿所说:"当你觉得反正有大把时光的时候,反倒无所事事不知道该做些什么;而当你忙得一塌糊涂,有一箩筐你真的应该认真去做的事的时候却挤不出时间。"

看到好朋友发了条微博:生活真的是不给你任何喘气的机会。看着这条微博,我又陷入了沉思,好朋友现在正处于一个关卡中,在选择与被安排之间,她就像陷入了一个迷宫,身边围着一堆人为她支招,七嘴八舌的,但能带她走出迷宫的只有她自己。

内心总有向往，但往往止于眼前。

Lesley小姐是我在北京的同事，十一假期之前，她跟我说她很想去西藏，我说去呀。她又说西藏是她心中的梦，她想去看看西藏的风土人情，我说我也是，所以我高中毕业就去了拉萨，算是毕业旅行。她突然自言自语说她没钱，我就接不上话了。

我和Lesley小姐都是刚毕业的大学生，"净身出户"。在一分钱都没有的情况下，来到北京，找了一份实习工作。拿着很低的实习工资，和朋友合租，自己解决一日三餐，每一天都在为生活奔波，虽然不至于落得"住地下室，一日三餐不饱"的状态，但生活对我们而言依旧是窘迫的。就像，我不喜欢生病，因为一生病就要花钱；遇上很喜欢的话剧的宣传单，我望而却步；我和Lesley小姐都有很多想做的事情，想买的东西，但是一想到钱包，一想到银行卡的余额，所有的想象就都会戛然而止。

除了西藏，Lesley小姐偶尔会提起的事就是辞职。她说她不喜欢北京这个城市，一心想要逃离这里；她说她不能，也没有办法长期地待在一份工作上，日复一日地重复着一样的步骤，固定时间上下班，按照国家规定的假期休息，几乎没有自由。我开玩笑地回应：你辞吧，说不定你辞了，我的心也就跟着你走了。

辞职的事情,她从七八月的时候说到了年底。如今,她依旧待在北京,一如既往地享受着充满雾霾的空气;她依旧待在这份工作上,日复一日地重复着一样的步骤,固定时间上下班,按照国家规定的假期休息,没有例外。

她常常安慰自己,再等等吧,就会好的。

一天下午吃完饭在休息,朋友小宝发了一条朋友圈,大意是说"想回去读书,好厌恶现在的生活"。我找她聊天,问她怎么了。

小宝毕业后没有直接投入工作,和朋友开了一家线上网店,还不到一年,生意已经做得不错了。线上交易通常使用的支付手段是微信和支付宝,有一天小宝看着手机,突然觉得很厌烦,甚至,客人买了东西给她支付宝打钱,买得多了的客户就直接加好友,她看到那些好友请求时就会不开心。

我突然又想到了Lesley小姐,上次的落地活动她负责联系媒体,于是一天之内,她的微信就多了五六十条好友请求,都是那些媒体。几乎每一个人都在用微信沟通生活的全部细节,好像没有了微信,我们就没有了生活。Lesley小姐很厌烦,因为她觉得微信是她的私人领地,不希望被陌生人侵扰,但是现在,她不得不让自己的朋友圈暴露在阳光底下,私人空间被无限扩大。

我同样也觉得厌烦,可我却会劝她努力克服这种不适,对她说一切都会好的。

我无奈地说:"没办法,这就是工作。"

小宝问:"工作是为了什么?消遣?为了在别人看来比较正常吗?所以我们都要过着所有人都应该过的生活吗?"

工作是为了什么?最开始的时候,我总想着要实现我的梦想,可是当我一头扎进梦想的境地时,才发现一切都不尽如人意。就像很多人都觉得与其在单位里领一份固定工资,还不如自己苦点累点出来干,可是小宝却特别羡慕他人有固定的假期,按时上下班,偶尔伸个懒腰偷偷懒。

当我在我的梦想境地越走越深时,我遇到了很多的问题。我会遇到很多我不喜欢的人;我会遇到很多我不喜欢的文字。我不仅仅要看很多我不喜欢的文字,我还要写很多我不喜欢写的文字,我要写很多我不愿意写的文字,我要被迫写很多工作性质的文字,真糟糕,真可怕。

可是,我不得不写,因为这是我的工作。后来,我接受了我的工作,因为我渐渐发现我工作的很大一部分目的是为了赚钱。当我想着下个月要给家里打多少钱的时候,我突然就意识到了这个问题:没有钱,我寸步难行。

我跟小宝说,我很羡慕我曾经接触过的一个作者,她一直游走在各个国家。她很自由,没钱了就找一份工作,有了钱就出去旅行,她累计去过两百多个城市,朋友圈里那些美美的照片,让我好生羡慕。

我也曾经计划,每一年都要去一个地方,奖励自己,放空自己。小宝说她也是。今年即将结束了,可是我好像只在杭州与北京之间来回穿梭,这也算去过一个地方了吧,但是我为什么没有开心的感觉呢?

走入低谷,生活的确不再给予你喘气的机会,日子可能会过得很困难,甚至是毫无头绪,但坏日子终会到头,好日子总会来临。

人生,总是要经历磨难的。美好的时光都太相似,因此显得格外短暂,而每一场磨难就显得漫长而遥遥无期了,也许在那一条暗黑的小路上,你会想,尽头到底是什么,是不是还是一片漆黑,是不是依旧看不到光亮。既然黑夜还是那么黑,那追寻喘气的机会,又有什么意义呢?

我有时候觉得,生活不能喘气是一件好事,就像是生活给予的一场考验,你终会在考验中获得些什么,或者能量,或者成长,或者低如尘埃的悲苦,不管获得了什么,都是经验,都是会闪烁在生活中的光亮。

我安慰自己,一切都会好的,再等一等,一年,一个月,一天,甚至,坚持一秒。

慢慢走，一样可以到达终点

以前，慢会不安，可是现在，慢会让我越来越心安。

我是一个做事情讲究效率的人，但凡是落在我手上的工作，我会铆足全力，排除万难。自2016年3月底在图书公司上班后，至2017年1月底，我已经做了9本书，几乎保持着每个月一本的速度。当然，这是一个编辑最基础的工作进度，但对于一个新手而言，我是快的。

那段时间，我几乎很少按时下班，有时候早上去了印刷厂，满心欢喜地以为看完印刷就能早早地结束，甚至幻想着地铁上有座位，回家时天依旧是亮堂堂的，但印刷过程中随时可能出现的小问题，比如印刷机有粉尘，印刷颜色不正，等等，都会将我从白天拖到黑夜。

不按时下班，我是甘愿的，甚至很多时候，是我自己特意留下来处理一些琐碎工作,因为我认为这是我的工作,是我必须完成的部分。

我尽自己最大的努力认真完成每一件事,是我对自己负责,也是对工作负责。无论是前期的策划,或者是中期的编辑,又或者是后期的印刷和营销,只要是我能做的,我都竭尽全力地在做,并且保持着一定的速度。

曾经听过一句话:"不进则退"。这句话在我工作后,逐渐控制我的思想,我认为自己不能退步,所以不能停止不动,别人超越自己,对我而言就是一种退步。回想起工作之前的时光,印象最深刻的或许是大学生活了。在偌大的校园里,我很忙,几乎每天都要往返于各个地方,学校太大,走路太慢,我习惯了奔跑。

奔跑,好像才是我生活的主旋律,我一直以为我必须要奔跑,不停歇。

工作讲究效率,健康亦然。我是一个注重身体健康的人,我很少生病。感冒、咳嗽、风寒等小毛病,一年偶尔会感染一回,但我不吃药,在我看来,熬过去就会自行痊愈的;生理期的疼痛几乎每个月都会侵袭一次,但即使痛得我躺在床上不能动弹,我也不会吃止痛药,在我看来,熬过第一天就好了。唯有智齿发炎的毛病,是我最不能忍受的,是我无论怎么熬都无法挺过去的,我通常会备好药缓解疼痛。

身体是健康最直白的反馈，每当身体出现了一些征兆，我就会变得很紧张。在以往的岁月中，我不止一次地见过被健康所折磨的人：小时候，妈妈的脚有毛病，我几乎天天都在看她抓狂的模样；以前跟奶奶住，每天晚上都看着奶奶吃一大堆控制高血压的药；二姑夫死于癌症，我亲眼看过他滴水未进的痛苦……每一个因健康离去的人，我都历历在目，这也不断地提醒我：健康最重要。

除了间接性的牙疼，除了每个月固定的生理期，我几乎很少生病，这也是我引以为傲的事情。或许是觉得自己很健康，或许是觉得自己很年轻，所以常常肆无忌惮。以前我很少会在十一点之前入睡，大概觉得自己健康，有时候会熬到十二点，其实期间也没有做什么要紧事，可能是多看了一会儿视频，多玩了一会儿手机；以前对饮食也不是十分注意，大概是觉得自己还年轻，所以就敞开肚子胡乱地吃，冷热交替……

可是，有一阵，身体突然以一种沉默的方式提醒我它在变化。以前早上六点多起床，闹钟一响，整个人其实是清醒的，很容易醒过来，但现在闹钟响了，我也醒了，但身体和脑子都会有一种混沌感，曾经想过或许只是偶然，但直觉告诉我，身体在变化。

以前中午在公司，向来不会觉得困，我一直是一个充满能量的人,但后来,吃完饭就会困,但这种困不是想小憩的困,而是一种精神的萎缩,即便我趴在桌子上想睡,也迟迟无法入睡。

我有一个同学,三年前查出白血病,几近死亡的边缘,而后治疗得到改善,我曾问她是否痊愈,她说白血病只能控制,无法痊愈。那一刻,我很惊讶,比我得知她患有白血病更惊讶,因为她这一生都会活在白血病的折磨之下。

有一次,她发朋友圈:人不能因为害怕失去,就不去拥有。我吗,纯属来不及了。

看到这句话的时候,我的心突然痛了一下,我不敢想象万一自己有一天也生病了,是否还会有她那样的勇气,忍受着所有的痛苦之后,再乐观地活着。也是在那一刻,我更知道,我希望自己拥有一个健康的身体,享受着大千世界的快意。

我知道我是一个逼迫自己奔跑的人,其实有时候走路一样可以达到终点,只是奔跑来得更快一些,更有效率一些。我知道我是一个对自己严格要求的人,或许是因为身上背负着太多的希望,但生活是我自己的,如何走到终点是我自己的选择,与他人无关。

生怕他人失望,是从前的我在做的事。而从今往后,我要做的,不是努力不辜负每一个人对我的希望,而是真正认清自己想要的是什么,从而慢慢地往前走。

谁的人生不是一道选择题呢？

也许我们永远都找不到人生这道选择题的正确答案，但是我们永远都不会失去选择的权利。

小时候选择穿什么颜色的衣服和袜子，长大后选择怎么样的学校和生活，选择吃什么口味的冰淇淋和月饼，选择和什么样的人成为一生的伴侣，这些都是人生的一个选项。

回想已然过去的那些岁月，我已经做过许许多多的选择题。除了生我养我的父母和家庭环境是我无法选择的以外，人生的选择几乎都是我自己做的。我选择在小学的时候和一个好朋友闹翻，我选择在初中开始了一段早恋，我选择去北方读大学，我选择临近毕业之际回杭州实习，我选择真正毕业后留在了北京……大大小小的选择做了无数个，真的要谈起影响至深的选择，我觉得应该是高一时候的离家出走。

其实，对于离家出走的原因，掺杂了许许多多的因素，我暂时还没有面对的勇气，又或者是因为我不知道应该如何表述。其中的曲折，我很难说清楚。不管出于什么样的原因，我都做出了人生中一个重要的选择——离家出走。

当然，这一场离家出走并没有持续多久的时间，后来因为熬不过，我又狼狈地回家了。由于落下了一些课程，而且也在学校造成了不好的影响，所以我休学了一年。

这个选择，于我而言之所以重要，是因为它打乱了我原本的人生轨迹。我经常在想，如果我没有离家出走，我就不会休学一年，那么我将会遇到什么样的事情，遇到什么样的人，是不是跟现在不一样？那么我现在遇到的人和事是不是都会不见？或者说不会以现在的方式生活。

当我还在幼儿园读中班的时候，大伯还没有退休，他有一天劝妈妈带我直接去小学读学前班，这样我就能早一年上学了，比其他人都早一年，他还能关照关照我。继续在幼儿园读大班，学不到新知识，挺浪费时间的。可是，我的小伙伴都还在读原来的幼儿园，我舍不得，而且我也很害怕去到一个新的环境里，认识新的人，所以我拒绝了。

后来，我不止一次地想，如果我当时答应了大伯的建议，我是不是又会经历不一样的生活，是不是会认识不一样的人，接触到不一样的世界？那么，我在高一那一年是不是就不会离家出走？呈现在我的面前的世界会不会又是另外一番样子？

可惜的是，我现在，或者这一生永远都不会知道如果我没有做出当时的选择，我会经历怎么样的生活，因为我早已选择了我的人生轨迹，我不可能再重新经历一遍选择和人生。生活不是话剧，没有无休止的彩排，我永远都不可能从头再来一遍，所以我只能继续着我现在做出的选择，不去想如果我当初没有做这个选择会经历怎么样的生活。现在需要想的是，既然是我做出的选择，那就让我一直坚持到底吧。

回头想想，如果我没有拒绝大伯的建议，如果我没有离家出走，如果我没有做出这些影响我一生的选择，我一定不会拥有我现在丰富的生活。我也许不会拥有北京这个梦想，我也许不会遇到现在这么多的好朋友，我也许不会沉浸在每天的工作和生活里，我也许不会领略到人生的精彩部分。所以，无论那些我没有选择的部分是如何好或者如何坏，都已与我无关，我只要享受着当下的快乐与痛苦就好了。

我以前常用好和坏来评判一个选择，比如朋友选择了做微商，我会觉得这份工作会不会不大好，不大稳定，但是世界那么大，人生从来不是只有我选择的路，世间的路千万条，每一条都能走到终点，每个人都有权利选择自己的生活，谁都无法阻挡。

我做出的那些选择所带来的后果，说实话，目前为止仍不可知。因为人生还没有走到头,我们又如何能够早早地下定论呢?

面对选择,最好的方式是不管你做出了什么样的选择,都不要后悔。

忙碌带来的快感,清闲的日子难以给我

早上六点二十九分,闹钟响了。我摸索着手机,关了闹钟,醒了。窗外已经亮了,夏天的脚步近了,我拿着手机背了会儿单词听了会儿听力,七点多才起床。

想起前一阵的每一天,五点闹钟响起,轻手轻脚地起床,坐在书桌前,打开电脑,面对着密密麻麻的文字,目不转睛地看着,等到七点多,起身去做早餐。下班回到家,又打开电脑,面对着密密麻麻的文字,目不转睛地看着,等到九十点,才合上电脑,收拾收拾,看看书准备睡觉。

我明确地感觉到,持续的脑力劳动一步步逼近极限。有时候,在公司要采访、要写稿子,每天大概写了三篇之后,我的大脑好像就停工了,无论再怎么逼迫它,也始终不会蹦出一个字。于是,临近下班前一个小时,我的精力往往只够跟朋友聊聊天。

一位认识很久的设计师,主要做图书封面,版式设计也做。从我认识他开始,他每天都很忙,睁开眼是电脑,闭眼是待完成的思路和创意,一年三百六十天不休息。在我的印象中,他没有周末,也没有节假日,有时候可能好不容易出差了,想趁机放松放松,但却不得不在酒店打开电脑改设计改版式。

有一天,我下班走回家,满脑子的事情乱如麻,我问他:"你这样长期工作不累吗?我这几周连续好几天早起,感觉自己都要疯了。"

他顿了顿,回:"从年后,到现在,我一直都这样。"

我又问:"这么累,你怎么调整啊?"

他说:"坐地铁啊。"

他住的地方离公司很远,我去过他住处附近的印刷厂,地铁五号线坐到终点站,估计快二十多站了吧。下了地铁,还得换一辆公交车,也要十多站,沿途的风景从城市慢慢过渡到乡村,仿佛已经不再是北京。

他又说:"能玩一会儿手机,就已经很幸福了。"

在北京,勤勤恳恳,常常让自己很忙碌,几乎没有正常下过班,生怕被说不努力不勤奋。回到小区时,常常都天黑了。记得有一天,我自己走在寂静的小区里,一路上都很安静,但是等走到楼上,拿出钥匙开了门,三个室友都回来了,在客厅里嬉笑打闹,我突然觉涌上一种委屈,而后落寞地坐在沙发上哭。

室友问我怎么了。我记得当时的自己并没有回答,也不知道如何回答。毕竟,当时的委屈是我自己选择的,我不能抱怨任何人。而那一份忙碌带给我的委屈感,从本质上而言,快乐占据了一大部分。

后来回到南方,找了一份朝九晚五的工作,日子过得清闲,每天都有大把的时间做自己喜欢做的事情,可生活好像少了一点什么。当然,我也不知道那是什么,只能随心所欲地往前走着。

直到这段时间,日子又开始变得忙碌,我慢慢发现清闲的生活当中缺少的好像就是这样一种忙碌感,不是非要忙得天昏地暗,摸不着北,但还是需要一些紧赶慢赶的仓促,让日子变得失控,或许才更适合生活。

而后思量,这两种忙碌却有着细微的区别。

之前的与当下的忙碌,本质上都是为了生活,为了能让自己更自由地出去撒野，所以花费时间花费精力在忙碌上。区别在于，之前的忙碌其实看不到尽头，只知道自己未来的每一天都必须如此，但那种内心渴望的自由却迟迟不到来。而当下的忙碌，却好像每一步都在走向自由，看得到方向。

那位设计师忙碌的日子，还没有停止。我曾经对他产生过很多疑问：为什么住那么远，不搬到近一点的地方呢？为什么还要在北京没日没夜地工作，不回到轻松的城市待着？断断续续的理由听了一遍，大概也明白：眼前的状况带给他日复一日的忙碌，却也带给他日益增加的成就。

他还需要再往前走，才能走得不那么匆忙。

小徒弟自从工作后，一直都在奔波，月初看到她在北边，刚刚又到了南边。租的房子，房租一个月一个月地交，自己却几乎没有住过几天，朋友圈和微博里处处是机场和火车站。在忙碌背后，她是辛苦的，频繁地奔波远比按部就班更辛苦。

只是，她会因为这一份辛苦就不往前走了吗？不会的。她抱怨两句后，会急匆匆地奔赴下一个城市，继续奋斗。

我要继续往前走吗？要的，毕竟我要的自由未来还没有到来。而在那些自以为苦的面前，我会找到与它和谐相处的方法，毕竟忙碌带来的快感，清闲的日子难以给我。

难过的时候,跟自己和解吧

从前,我一直觉得,音乐和文字是最治愈人心的两样东西。

三戈小姐很爱听音乐,我们的聊天记录里经常穿插着她分享给我的音乐链接,我录音的一大半背景音乐都是她推荐的。

"我在听神曲合集,简直要笑死了,手都颤抖了。"

"这是驰名中外的一首,可以说是很爆笑了。"

"我有时候会觉得他(杨宗纬)好帅,唱歌是永远觉得好听。可能喜欢使我盲目。"

每一次谈到音乐,她就洒脱得像一只欢快的兔子,好似天底下所有的烦恼都能够在一首歌里烟消云淡。

我很爱写字,我会把内心所有的情绪都付诸笔下,写散文和随笔,我会给很多很多人写信,我会把周围的故事改编,写成故事。

我的生活从来都不曾一帆风顺,常常遇到过不去的坎,常常独自一人痛哭流涕,哭着嚷着"日子好难"。文字成了治愈和疗伤的方式,所有受过的伤,所有咽下的委屈,都成为纸上一个个静止的字。写完了,情绪也止住了,等到日后再读,更有一种豁然开朗的味道。

只要谈到文字,我的心中便会油然而生一种暖意,仿佛它是一个永远陪伴在我身边的知心朋友,不离不弃。

但后来,我发现再具有治愈性的东西却好像怎么也敌不过内心阴暗的侵蚀,直到再也找不到任何净土。历史和现实生活中,许许多多热爱音乐和文字的人不约而同选择或被选择了一条路——死,有的自杀,有的死于药物或疾病。

写诗的海子自杀,写小说的老舍卧轨,浪迹沙漠的三毛自杀,唱歌的哥哥张国荣跳楼,国外音乐人Jimi Hendrix、鼓手Keith Moon、Elliot Smith自杀,Janis于1970年10月4日因吸食过量海洛因突然死亡……

大学期间,我记得有一天,女神蔡老师在朋友圈转发了一条消息,大概内容是指诗人、某大学教师某某某于某年某月某日去世,我原本以为这只是一段悼念性的文字,但后面的评论铺天盖地地袭来,原来诗人不是自然死亡,而是站在高楼上一跃，自杀身亡，为了避免不必要的舆论压力，因而选择不公开死亡的任何细节。

看着蔡老师在朋友圈晒出的诗人的诗，写得那么有力，写得那么美，倒是跟海子的那句"面朝大海春暖花开"有相似之感。难道文字没有带给诗人足够的安全和宁静吗？我不想，也不愿意知道他们为何走上了这条不归路，但是我很想问，难道音乐和文字都无法拯救不快乐吗？难道是音乐和文字创造出了一个完美无缺的世界，而现实生活却总是不那么美好吗？

小时候，爸爸常跟我说："好死不如赖活着。"

我知道我现在看到的是事故的表面，对于背后的真相了解得很少；我知道我没有经历过那些人的生活，他们承受的痛苦比我想象中重得多，所以我没有资格站在一个不腰疼的角度上胡乱呼吁；我知道现实的经历有很多无法跨越的磨难，但我始终坚信我们能够重生。

难过的时候，睡一觉吧。

犹记得看完《平凡的世界》的那个午后，书中主人公的命运深深地感染了我，内心涌现出质疑、崩溃、气愤、无可奈何和无能为力等种种情绪，我无法走出书的世界，我觉得外面的天灰蒙蒙的，我对一切都失去了希望。后来，我逼着自己在床上昏天黑地地睡了七个小时，醒来时，天依旧黑着，但我已经开始轻松地笑了。

难过的时候,大哭一场吧。

那些说不出的,唱不了的,写不下的委屈和伤痛,就让它化为泪水,落在地上,然后随着大地回归到地球的中心。哭了一场,也许问题还没有解决,但是你要知道,地球也知道了你的心思,他陪着你一起经历这过程,请相信,他永远都是你站立的土地,他不会弃你而去。

难过的时候,放下一切的"伪装"吧。

大兵先生是我的大学同学,他在我的印象当中一直是一个很理智的人,几乎很少表露他的情绪。有一天,他陪着我逛街,一开始的时候,他跟我认知中的他没什么区别,但走到了半路,他突然开始碎碎念,说着牛头不对马嘴的笑话,说了整整一路。我觉得很奇怪,甚至质疑他在故意恶搞。

晚饭时,大兵先生特别开心,笑得神采飞扬,他主动解释:"工作时,为了维持理智的形象,太累了。好不容易能在你面前放松自己,真好。那也是真正的我。"

走到死亡这一步时,身心一定经历过无数次挣扎,但可不可以,请你再多挣扎一会儿,万一还有希望呢?

那些受过的委屈，是成长的助推器

人都是敏感的，尤其是在直击内心某个点的某件事上。但是，每个人的敏感源都不尽相同，我们都会有别人不可理喻，甚至不可理解的敏感点和耿耿于怀的地方。

高一刚开学，老师还认不全教室里的脸，一般都是脚步走到谁的座位上，手指着谁，谁就站起来回答问题。有一次语文课，老师站在我旁边，要求我读一篇文章，读完，老师笑眯眯地表扬我："声音很好听，适合演讲，下个月跟我参加市里的比赛吧。"

军训汇报演出上，语文老师点名让我带领全班同学朗诵。

运动会上，语文老师带着我报广播，至今我也不懂当时的形式叫什么，就记得自己坐在主席台上，当一个方阵向我走来时，我就读一篇豪气的宣誓稿。

语文老师总是反复跟我说，一定要带我参加演讲比赛。

可是，"下个月"过去了很久，"市里的比赛"毫无动静。后来，在学校元旦的汇报演出上，语文老师带领着八九人的比赛小分队在舞台上演讲，而我呆呆地坐在观众席上，一遍又一遍地听着回旋荡漾的阵阵余音。舞台上的八九个人，我承认有比我出色的人，可是我并不是最差的，但比我差的也站在舞台上了。我心里很难过，我不知道自己为什么落选，但我更难过的是我不知道自己是如何落选的，为什么连一个筛选的过程也没有。

有一天，我路过走廊，语文老师正对着她的八九个人的小分队说些什么，我不自觉地放慢了脚步，我多么希望她走过来给我一个解释，告诉我她为什么不带我参加演讲比赛，哪怕是批评我，或指责我都好，只要让我明白就好，可是她转头看了我一眼，又继续说她的话。我慢慢地走开，一路上都在想，那些比我差的人一定使用了某些不可告人的手段，语文老师原来也只是这样一个世俗的人，我再也不要喜欢语文老师了，再也不要喜欢语文这门课了。

毕业后，偶然跟当年的演讲小团队里的某个人聊天，谈起那次我耿耿于怀的演讲，她说当时语文老师为了让队伍看起来更整齐一些，特意找了一群身高都在一米五的人，而我高一那年，已经长到一米六了。我猛然意识到，原来我误会语文老师那么多年,高二之后,我彻底断了与她的联系,就像从未认识过一样。

如果当时语文老师能给我一个解释,或许我不会恨她那么久。只是,现在的我,不敢说有很大的成就,可是我现在正在做着自己喜欢的事情,努力往自己想要的方向走去,我不得不承认,当年与语文老师的误会,虽然让我在一定程度上厌恶语文这门课,可也在很大程度上激励我变得更优秀。那份我自以为是的"委屈",到了这一天,已经成了我最倔强的武器,成为我坚持努力,坚持变得更好的武器。

大学第二年,我有过一段暗无天日的时光。该十一点熄的灯,在十点五十五分的时候就黑了。我瞟了一眼电脑后下角的时间,狠狠地咒骂了一声,继而凭着手机投出的微弱灯光,在床边摸索到我的台灯,轻轻地打开,照亮我的电脑键盘,继续完成师傅留给我的作业。

师傅是一家杂志社的编辑,机缘巧合之下相识,为了提高自己的写作能力,我就请他帮忙指导文章。

北方的天在夏至过后就黑得很快,黑得很浓,我透过微弱的光线怎么也看不清外面世界的样子,而寝室里也早就是静悄悄的一片了。邻床的同学已经陷入深沉的睡眠,我听得见她安稳的呼吸声。长期对着电脑的辐射,我的视力已经有些负荷,我摘下眼镜,揉了揉有些生疼的眼睛,使劲摇了摇头,让自己清醒起来。

下铺同学的彩色万能充在电插座上疯狂地闪烁,源源不断地吸收能量,而被困意疯狂袭击的我还在努力地用手指敲打着键盘,我看着电脑屏幕,每每多一个字,我的内心就会欢悦一番,因为只要字数一旦达到某种限制,我就可以好好休息了。

合上电脑的时候,已经是凌晨。我猛然想起第二天早上六点还有英语早读的课程,头更疼了。

在这样的深夜,师傅坚持让我写完承诺的文章,尽管我一再强调我一直在忙学院的工作,但他完全不理会,坚持说我不写完不能睡觉。我知道他是为了给我一个锻炼的机会,让我知道"今日事今日毕"的重要性,故虽觉委屈,却也接受了。

之后几天,我去邮箱看他对我文章的回复。我记得我打开邮件时看到鲜红的批注时,我是忍不住眼泪,哭了起来的。一份作业,我辛辛苦苦地奋斗了一个夜晚才形成了初稿,逃了几节思修课跑去图书馆查阅资料定了稿之后才上交给你,结果在他的解剖下,我的文章体无完肤。

无论是自信心,还是自尊心,都被他打击得遍体鳞伤。

从很小开始,我就喜欢看书,自然而然地比旁人多了一些知识和见解,写起文章来得心应手。老师经常表扬我的作文写得好,总把我的文字当成范文来读。因此,对于作文,我自小就有满满的自豪感和优越感,甚至骄傲地以为我的作文是要受到所有人的表扬的。

但是,他毫不留情地指责我的文章由自我出发,缺乏内涵,是典型的"口水写作"。那一天,我把自己反锁在房间,泪水止不住地往下流,脑海里一直在重复着他的话,好像有一根刺狠狠地插进我的心房,很疼很疼,但是我却没有力气去拔掉这根刺,去反驳他。

哭到后半段,呼吸逐渐平缓,我慢慢明白,以往,我一路上遇到的都是鼓励和表扬,赞扬我的人不断扩大我的闪光点,虽然我知道人无完人,但我总是认为错误很小,以后就会好的。他是第一个直白地告诉我的文章有多不好,有很多很多的缺点需要改正。

他的直截了当,让我如此不堪。不过,我知道他是在帮我,让我知道在写作的这条路上我会遇到各种各样的问题,遇到很多的屏障,他只是想让我学会如何在走过了平坦的道路之后学会走陡峭的山峰,他只是想让我学会以后要如何才能走得更坚定。

还记得上次兴冲冲地读了两遍龙应台先生的《亲爱的安德烈》,顿时感觉脑海里的血液沸腾,思绪如泉涌,立刻起笔写了一篇读后感,自我感觉感情真挚,才华横溢,于是信心满满地把稿子发给师傅，虚荣心作祟的我想要得到他的表扬，他的肯定对于我而言是无形的鼓励。

可是师傅看了之后，却对我说，我只看懂了这本书的百分之三十，剩下的百分之七十需要好好再琢磨琢磨。我当时很生气，合上电脑，满脸情绪，我转身面对着我高高的书柜，一百多本书整整齐齐地叠在我的视线里，我自认为看过了这么多书，却怎么可能还看不懂一本语言平白的书。

我不信他，我觉得他不懂。

过了一个礼拜，我重新拾起这本书，在一个宁静的下午，一页又一页地翻阅着，仔仔细细，认认真真。我发现了自己前两遍完全没有涉及的东西，有一种耳目一新的观念冲击。

他的不留情面，让我如此不堪，但是我知道他是为了让我知道如何读书才是真的读书。读书，是读人，看一本书，就是看两个人，看作者，看其想要表达的思想情感；看主角，看其一言一行，一举一动，才算是真正看懂一本书。

在师傅面前，我受到的委屈不止这般，几乎每隔一段时间，他都会对我进行釜底抽薪似的批评与教育，尽管偶尔还是会觉得失落，但却在这条前行的道路上，一点一滴地积蓄起了自己的力量。对此，不得不承认的是，那些受过的委屈，有过的不堪，都成了前进路上的助推器，助我一路畅通。

Chapter 4

来来往往

人的内心都渴望着看远处的"风景"，一心想着远处的美和好，于是拼命地往前走，等真正走到了前方，却又会依依不舍地回头观望着过去的时光，矛盾百出。

我也一样，但我在日益成长的年岁里，褪去浮躁，安心享受着一路走来的"风景"，不比较，不对比，而且我很确定的是，我一直在寻找"最美风景"的路上。

喝完这一杯奶茶再上路

小马同学要辞职了,今天是她最后一天上班。

她说她昨晚已经进不去公司系统了,对于她的离开,领导曾经有过挽留,但小马同学心意已决,而后公司也决然地办好了所有手续。想起去年在北京工作时,我说我要走了,副主编特意组了一个饭局,替我饯别。

原来,世间难得好聚好散。

我不曾经历过太多的来来往往,但我见过太多来来往往的人。想起之前的一个同事,在上班的最后一天,我们在下班后去吃了张亮麻辣烫,那是我们真正意义上的第一顿饭。吃完后,我们分开,我继续留在北京,坚守在自己的工作岗位上;她走了,不仅离开了原先的公司,而后也离开了北京。

不知道小马同学会不会从此离开这座城市,也许我会比她先离开。

我和小马同学真正接触的时间也不算长,我们是偶然在地铁站碰到的,后来发现我们原来每天都在同一个位置等地铁,不过我常常来得早,她来得晚,而且我等四号线,她等三号线,三四号线交替运行。而后,我们开始一起掐着点下班,一路狂奔,赶上刚刚好的那班地铁。

熟了之后,很多事情都能毫无顾忌地跟彼此倾诉,而说得最多的可能是辞职的事吧。职场上的辞职,大多是一个漫长的过程,从萌生想法到真正实践,不知道要经过多少时间。我们经常一边抱怨着公司的种种不好,一边计算着什么时候辞职。

因为发生了一些事,坚定了小马同学辞职的决心,于是她周一提出辞职,周四就办完了所有手续,过程不足一周的时间。原来,如果决心坚定,辞职不过一瞬间,但尘世间的人大多会被多多少少的琐碎羁绊。

就像当初因为领导奇怪的脾气造成的重压,我和前同事在北京工作的后半段时间,满脑子都在想辞职的事,午饭时间窝在茶水间,谈着什么时候走,毫不留情地走。但,话说了很多,我们都还没有走,一是因为不知道提出辞职后,奇怪的领导会有什么反应,我们很渴望好聚好散;二是我们当时手头上拿着好几本书,如果一走了之,不就扔了一堆烂摊子吗?

天知道我们当时为什么突然充满了责任感，一心想着把手里的书做完了才离开。不过，前同事未曾遂愿，因为一触而发的意外，她提前离开了，而我还坚守在自己的岗位上，想着等到某个合适的时候，再走。

其实，我们后来都明白，我们在不在这个公司其实没有太大的影响，总会有新的人到来，接替我们的位置，我们只是过不去自己心里这关。想明白了这些，对于职场上的来来往往，倒也看得淡了。

于是，为了庆祝小马同学不仅离开了糟糕的公司，而且拥有了一个不短的寒假，我破了戒，一个月内喝了三杯奶茶，有两杯都是这周喝的。小马同学很爱喝奶茶，我也很爱喝，但我的频率追不上她，因为她不管喝多少杯奶茶都不会胖，而我为了防止变胖，限定自己一个月只能喝一杯奶茶。

与前同事聊天，说真后悔当初在北京没有多吃几顿饭。大抵也是怕再产生这种后悔，所以整理好了桌面，等待着外卖的到来，与小马同学吃一顿"最后的午餐"，这样，在未来回想起来，起码不留遗憾吧。

我见过很多早于我离开公司的人，也得知很多后于我离开的，来来往往本就平常。我们各自奔赴属于自己的下一站，寻找属于自己的位置，幸好，那些曾经交好的朋友始终都在，在不同的角落里，偶尔寒暄，继续前行。

　　而后的人生，我大概也会遇到很多个前同事和小马同学吧，没关系，反正大家都是在奔赴美好的途中，彼此都是风景。

　　为相遇干一杯奶茶，而后，继续上路吧。

稳住，你有无限的可能性

　　小时候盼望着长大，长大后盼望着小时候，我无法正确判断自己处于哪一个阶段，因为无论是小时候，还是长大，总是有一堆要烦恼的事情，总是有一堆要过去的坎。在这个过程中，我明白了一件事：时间并不能让所有的事情都过去，只有我们真正地解决了那些事，才能真正地原谅了那些东西。

　　看《雷神3：诸神黄昏》，印象最深的是在锤子被死神海拉轻松毁了之后，雷神索尔陷入一种自我否定的困境："父亲，没有锤子我没有能力战胜她。"父亲奥丁语重心长地说："索尔,你是雷霆之神,你是锤子之神吗?"

人,经常不自信,神也不例外。索尔一直认为他的强大是源于那把锤子,却从未曾想过是他自身具有不可一世的能量,锤子只是媒介。就像我们走到现在的境地,是依靠自己本身的力量,而非全是时间的功劳。

回想起大四时,跟一群学弟学妹们见面、吃饭、聊天、爬山,有一种放肆的快乐,但某一刻,我曾经试图问过自己为什么会在这一群年纪比自己小的人身上停留。人一旦走过某个年纪,交朋友的时间越少,要求越高,好像是生怕自己再也浪费不起精力与感情,而我却在成熟的年纪里跟一群"小屁孩"谈友谊,像是无稽之谈,但我却做了。

是时间改变了我吗?是时间让我有耐心跟一群涉世未深的小孩子畅聊心扉吗?

我在学弟学妹们身上看到的是过去的自己,有过的想法,做过的事情,以及产生的情绪,多多少少与过去的自己相似。我会如何对待过去的自己?是宽容以待,或严厉斥责,或不闻不问?时间并没有告诉我答案,是我试图探索答案,想真正了解过去的自己。了解的最好方式是走近,走近了,看清了,我也慢慢原谅了自己,原谅当初的少不更事,原谅当时的莽撞。

出乎意料的是,在了解自己的过程中,我逐渐爱上了那群小孩,他们以年轻的姿态教会了我很多道理。

如果时间给不了答案,那它存在的意义是什么?

小时候与长大的不同在于经历,耗费漫长时间一丝一缕堆积而成的经历。每个人都有一些独一无二的感受,说出口轻松,但真正理解的人寥寥无几,这大抵就是时间的献礼吧,而且只赠予你,仅此一份。

而我之所以热爱时间,是因为它给予我无限犯错的权利。

时间,把人的漫长一生变成了一场游戏,我于其中能够一遍遍尝试一个个自己想要扮演的角色,尝试一件件自己想要做的事。在这场游戏里,我是自己的主宰,没有人有权利提示我"游戏结束",因为时间那么长,不到最后谁也不知道结局,而我即便是倒下了,我也能随时"回血"重新开始,顶着一句"稳住,我能赢"的标语,所向披靡。

任何一场游戏,都免不了等待的过程。没电了,要等;没血了,要等;没战友了,要等……需要等待的事情的确变多了,要等待的时间也变长了,但有什么关系呢?人生这场游戏是不计时的,我们大可以尽兴。

小时候玩游戏希望自己赢,长大了玩游戏希望寻找意义。我现在处在不断索求意义的阶段:找了一份工作,问自己这份工作的意义是什么;玩了一个新游戏,问自己这个游戏的意义是什么……索求是疲惫的,多少次索求无果时,多想回到小时候,只要能赢,管他的什么意义。

但,人生这场游戏的设定是我无法从头再来,我可以扔掉所有装备缴械投降,我可以心如死灰等待天黑,却不能消除我曾经玩过的痕迹,我无法试图当作这一切从未发生。每一局,我的成、我的败、我的索求、我的无果,都被时间刻画在我的人生里,有些被遗忘,有些被扩大,然后悉数成为人生的一部分。

长大后去回望小时候,欣喜总大过于失望,因为我们总在童真的年纪把未来畅想得顺顺利利,从而无忧无虑地一路前行。长大后猛然发现,这一路的艰难完全超出了小时候的想象,于是叹了一口气:唉,还是小时候好。

但这完全不妨碍我们长大,不妨碍我们经历沿途的坎坷。

"年后的我"的主题作文,我小时候写过一次,我记得自己当时写的是"教师"。可是,在我已经把十二生肖过完两遍,能自由实现目标的年纪里,我没有成为一名"教师",而是成了一名编辑。

以后,我会永远是一名编辑吗?以后,我还有可能成为一名教师吗?世事皆不可预料。

而你,自然也有无限的可能性。

如果我妈问起我,你就说我很好

在即将步入社会之前,我在微博上关注、收藏了很多改造租房的信息,因为我知道我必定会蜗居在远离家乡的城市的一隅,可当我真正有了工作租了房之后,我却突然没了改造租房的冲动与兴致。租的房子不算太破太脏,配备基本的家电,过得去也就过得去了。改造需要钱,也需要时间,在庞大的开支面前,我选择放弃。

大多数认识的人几乎都在城市里租房,一个小单间,或者三两好友租一个大套间,房子原本什么样,稍微打扫打扫,添置一些必需的生活用品,住进去时也就什么样,往往缺少改造的耐心与毅力。

委屈,不过是一时的生活情绪罢了。

美美小姐小时候很撒野,上山下海,处处折腾,向来不是个听话的主儿。毕竟从小活在庇佑下，天上地下，谁都不怕。每天不顺心的时候，就与奶奶吵架，吵得全家出动，天翻地覆，恨不得全天下都活在她的掌控之下。我从未想过，有一天她会在与奶奶的对话里，忍住眼泪，支支吾吾地说："我很好，你别担心。"

学习成绩并不理想的美美小姐在高二结束后的暑假，就未来发展的方向与家里所有长辈都大吵了一架，负气之下，美美小姐递出退学申请书，拖着家庭的枢纽关系，找到了一个阿姨，跨越将近四五个省份的距离，到了最南边的城市当工地资料员。

每一个城市都会有这样的工地，烟尘铺天盖地，机械的声音震耳欲聋，大型卡车进进出出，打着赤膊的农民工来来往往。我曾经路过很多工地，除了正在拔地而起的建筑以外，最令我好奇的是蓝白相交的样板房，没有所谓的门和窗，都是在一块板子上开的四边形的口子，像是一个个洞。通过这个洞，我偷窥到一张床，以及床上乱七八糟的生活用品，我几乎可以断定那不是一个适宜居住的房间，或许只能成为暂时的庇护所，短暂地收留自己，总好过露天的大桥底下吧。

工地资料员听起来像是个文职行业，但吃住都和农民工混在一起，住样板房，吃大锅饭，每天都在鱼龙混杂的地域里独善其身。

我去找美美小姐的时候，一只脚刚踏入她住的样板房，愣住了。墙壁薄得像一张纸，隔壁的一点小动静都听得一清二楚，房间开了两个洞当作窗户，但都被窗帘似的布死死封住了。美美小姐顺着我的目光，风轻云淡地解释这是为了防止路过的人偷看。

整个房间大概十几平方，没有厨房，没有卫生间，只放着一张凳子、一张桌子、一张床、一个折叠衣柜和一个移动衣架，地上胡乱地放着各种脸盆、桶。房间没有单独的空调，右上角空了一个洞，和隔壁烧饭阿姨共用一台。我去"参观"了卫生间，即使女厕所也气味熏天，设施很简陋，浴室和厕所合在一起，门没有全封闭，空着的一块传递着不安，生怕突然出现一双眼睛。洗澡没有热水器，要自己拿着桶从几十米开外接热水，踉踉跄跄地抬到厕所，再兑点冷水就能洗了。

面对我的牢骚，从小娇生惯养的美美小姐却不以为意，她说如果我实在介意，她愿意陪我出去住酒店。

夜晚，我躺在她悉心铺好的床上，侧过脸问她："你后悔过吗？"良久，美美小姐回复："当然，但再也回不去了，所以后悔没用。"

"你哭过吗？"

"嗯,以前。"

我以为美美小姐会抱着我哭,慷慨激昂地讲述她的辛酸史,没想到她一副事不关己的模样,像是在跟我转述一个事实。在我看来,受尽委屈的她,难道如今已经成长到刀枪不入的地步了吗?思绪迷迷糊糊之间,我听到美美小姐轻声说:"如果我妈问起我,你就说我很好。"

平常日子里的一天,我躺在自己的出租房里,看着满墙的灰白色,耳边听着熟悉的电话,对话最后,妈妈认真地问了我一句:"你过得好吗?"我在这虚无的时间里,处在这一方空间里,认真地点点头,一字一句地回:"我很好。"

那一刻,我突然想起美美小姐,我们同是天涯沦落人;那一刻,我也突然明白,这些看似的委屈其实并不委屈,它们是我们做出的每一个选择的战利品,唯有经历过这些,我们才能更好更快地成长。

同事为什么不主动跟我示好？

娃娃鱼小姐最近换了一份工作，公司不错，待遇不错，她也很满意。不过这几天，关于公司同事的话题，她频繁地找我聊了两三次。

"我和同事聊不到一块儿去，不知道怎么和项目接轨，也不知道怎么和同事们交流，或者说我不想跟同事们交流。以前在公司，大姐姐处处带着我，然后才和同事们打成一片的，来这个公司，就两个组，来一个多月了，还没说过话，中午也不知道和谁一起吃饭。我也不知道怎么去缓和这种情况，在公司稍微熟一点的同事，她都不怎么过问其他事，吃饭也不规律，感觉也聊不到一起。"

业务部前同事前段时间也换了一份工作，她上一份工作是销售，现在换成了文员，她前两天也谈起了公司同事的态度,对她冷冷淡淡的,不怎么跟她说话,跟以前的工作氛围不一样。前同事做销售时,公司同事对她都颇为照顾,这跟销售行业的企业文化有关,注重人与人之间的交流,而文员每天大概最多的是跟电脑"相亲相爱"吧。

每一次在我进入一个新环境时,大概都会有一到两周的不安期,为什么我进公司没有人跟我打招呼呢?为什么他们中午不叫我一起订外卖吃饭呢?为什么他们喝下午茶不叫我呢?为什么他们都不跟我说些八卦呢?

大部分人都会把自己的日子分成工作和生活两部分,工作是工作,生活是生活,最好不要有交集。"同事"是工作中的概念,"朋友"是生活中的概念,两者可以交叉,但真的不能强求。把"同事"转化成"朋友",当然可以,但往往需要环境、契机等各种因素。

我和Lesley小姐从前是同事,但现在是朋友,这个过程不是一蹴而就的,而是我们用时间和经历慢慢堆积而成的。

Lesley小姐比我早一周进公司,我上班第二天就跟她在会议室一起吃饭了,不是我们已经熟悉了,而是因为公司只有我们两个带饭,又或者我们部门常驻员工也只有我们两个。每天的午饭都在一起吃,工位也相邻,但我们的关系在很长一段时间里都仅限于"同事",她是我的同事,我是她的同事。

Chapter 4 / 来来往往

印象中大概过了四五个月的时间吧,我们之间的关系才往前走了一步,不过我们是被推着前进的,施力的是我的前公司和前老板。

我的前老板是一个脾气怪异的中年女性,她可以随时随地原地爆炸,而且让我无法招架的是,她爆炸没关系,如果我知道爆炸原因的话,我可能会试图阻止;如果我知道爆炸时间的话,起码我能逃,但我从来没有找到过那一根导火线,也从来没有准确地预料过爆炸时间。同时,当时我对于从事的工作也进入一个瓶颈期,陷入恶性循环里。

我不可能把自己在公司遭遇的所有烦恼都讲述给一个远在千里之外的朋友听,因为每一次讲述可能都要对其中的人物关系解释一遍,等解释通了,恐怕我连哭的力气都没有了。于是,"知根知底"的Lesley小姐成了最好的倾诉者,只要我说,她都能听懂。

在一来二往的倾诉和反倾诉中,我和Lesley小姐对彼此有了突破性的认识,原来她小小的身躯里藏着对文字的莫大喜爱和尊重,原来她那么爱看书,原来我们对有些事情的认知出乎意料地相似……通过深一步了解,我们成了朋友。

如果,当时的我去了另一家公司,遇到另一个老板,即使再有一个跟Lesley小姐一模一样的同事,我们能否成为朋友还是一个未知数。因为我知道,走上朋友这条路不仅需要我和Lesley小姐的气味相投,也需要环境和时间的契机。

现在的我不那么爱交朋友,因为交朋友真的是一件特别累的事情。朋友的最后形成,并不是只依靠"交"这个瞬间,而是依靠后续一连串的经营与维护,同时要与时间、地域、情感等一一对抗。

初中高中时交的很多朋友,在大学时因为时间、地域、各自为伍的朋友圈,以及断断续续的失联,一个个都走远了,我曾经以为能打得过时间、地域和情感,最后却只能看着那些人在我的生命中逐渐远去。

现在要交朋友,也要看时间,看地域,看兴趣爱好,看有没有共同话题,等到所有因素都确定好了,那一份认识新朋友的快乐或许早已被磨得一干二净了。

回到娃娃鱼小姐和前同事的烦恼上,当时我好像只回了一句:"你为什么不主动跟同事示好呢?"对我来说,遇到喜欢的就去示好,就去追寻,因为不能再失去更多。如果不追寻,那么喜欢的就只是你喜欢的,不会属于你;如果去追寻,万一成功了,不就皆大欢喜了吗?万一失败了,没关系,它原本也不属于你,没什么好难过的。

我们注定不会在一份工作上停留太久,而且我们终将会有自己的方向要走。

所谓的战胜自卑,其实是与自卑和平相处

人生中有很多路都是一段迷途,即使已经走在了上面,你也发现不了自己已身处不安与茫然。

犹记得临近毕业时,刘先生借以拿毕业信的名义,站在我寝室楼下跟我絮絮叨叨聊了很久。聊天的内容,我记得一清二楚,至今回想起来,那一次的谈话依旧是我目前人生当中最讨厌的谈话之一。

刘先生的大学,在不同人的看法中,两极分化。以他自己为首的一帮人,认为他很厉害,因为哪哪的社团都有他的身影,哪哪的比赛都写着他的名字,谁谁他都认识一两个,活得生龙活虎,一团朝气;但在另一帮人看来,他很孤独,也很空虚,因为在那表面的光鲜亮丽背后,裹藏着的是一颗自卑的心。

很久之前,我写过一句话——因为自卑,所以自负;因为自负,所以自私。我承认,从一开始,这句话就是以刘先生为原型的。

刘先生在刚入大学的时候是自卑的, 而且显露无遗,或许是因为家庭情况不好,又或者自认为条件一般,所以在刚刚接触到大世界时,整个人显得羞涩木讷,很少说话。

当一个人的内心想要改变了,这真的就到了一生最为关键的时刻,因为改变常常有两面,以通俗的话来说,一面好,一面坏。尽管每个人对于好坏的标准不同,但每个人都有自己特定的好坏之分。

刘先生想要改变了,他立志要完全摆脱以前的自己。

几乎是一夜之间,刘先生藏起了他的自卑,展现在他人面前的是一副自信极了的模样,但是当你跟他站在一起相处超过三十分钟,你还是会很容易发现其实他自卑极了。

就像那一夜,他跟我絮絮叨叨地谈了许久,大概是从哪里听说了我在北京找到了工作, 于是谈话先从他对我的"恭维"开始,他说他羡慕我,一直在做自己喜欢做的事情,找到了自己喜欢的工作,而且一路很顺畅,我先是听得开心,而后产生了一种不安,因为我不确定刘先生为何突然说这些。

我淡淡地回应:"如果你真的想做成一件事, 机会很重要,自身努力也很重要。"

他几乎没有听我说话,又自顾自地继续说着,接下来又谈到了他自己,谈到他大学三年的各种荣誉。在他的世界里,他完全把他的大一省略了,他的大学是从大二开始的。因为大二后,刘先生在很多作文比赛中拿到过名次,其中也有非常不错的成绩;他认识了很多人,来来往往的都称为"朋友"。

有很长一段时间,刘先生常常把他写的文章给我看,希望我帮他改,有时候看着看着猛然发现其中几篇跟我写过的几篇好像,大体改头换面了一番,却没有换掉文章的最本质内容。接连着,慢慢发现他写的东西都似曾相识,又或者特别眼熟,所以他的荣誉慢慢失去了光泽。

我委婉地表达了自己的看法,然后适当地保持了与刘先生的距离。

对于写作,刘先生认为自己很有天赋,而且他认为自己写的东西很好,心安理得地接受着来自四面八方的表扬。

因一次机缘巧合,刘先生进了校媒体,有优先发稿的权利。因而几乎每一期报纸,我们都能看到他的文章,但是传阅下来,发现文章写得一般,不值得一看,但他依旧孜孜不倦地登着,把自己写的都放上去,从而拿到学分奖励。

但后来,刘先生渐渐失去了所有的掌声。

刘先生的大学,因为睁一只眼闭一只眼,也算精彩纷呈,值得回味。可是褪去了大学的保护色,刘先生面临着残酷的社会,他懵了。社会上少了机缘巧合,他自身的实力又没有办法帮助他获得一份很好的工作,于是他找到了我。

当然,他高估了我。

那天晚上的谈话最后,他婉转提到了我所在公司的领导,他在网络上看到我的领导和他很喜欢的作家走得很近,因为刘先生希望通过我认识我的领导,然后再与他喜欢的作家接近。

我抱歉地表示无能为力。刘先生扫兴极了,又问我是不是有什么工作机会介绍。我说目前公司饱和,暂时不招人,但之前我有在其他公众号上看到一个招聘,跟你想写字的梦想接近,不过不知道薪水待遇如何。

刘先生信誓旦旦地保证他只想做自己喜欢的事,薪水只要能养活自己就够了。

隔了几天,刘先生给我发来消息,说他已经面试成功了,面试官第一眼就看中了他,二话不说就要他去上班。我隔着屏幕,看着他骄傲的语气,不知道该回复什么。

一周后,他晒出他的工作照,我突然发现他早已离开那家文化公司,跑去做了销售。

著名心理学家阿德勒曾经说过,其实每一个人都会有自卑，但有多有少，有显有隐。在与刘先生的相处中，我觉得刘先生很自卑，而且很明显，于是他要做的改变就是把显而易见的自卑藏起来，可是自卑是无法消除的，我们所谓的战胜自卑其实是与自卑和平相处的过程，让自卑成为我们生活的一部分，即使无法产生积极作用，也让它不要产生消极作用。

每个人试图渴望战胜自卑的那一刻，他就输了。

朋友圈只会告诉我们谁来了，
不会告诉我们谁走了

刚入公司时，就有人跟我说，职场上人来人往是再正常不过的事情了，但我始终觉得我欠每一个离开的人一句"再见，珍重"。

公司不大，但也不小，因而人来人往更为平常。

　　阿琳是我进入公司后第一个离开的人。她走得轰轰烈烈,因为她几乎与公司所有的高层,一个个都撕破了脸,最后的场面弄得很难堪,甚至很不堪。我记得她在离开的前一天,与我单独聊过天,她在公司外面那张木凳子上,说了她在公司里的许多遭遇,真真假假我已经分不清了,但我始终记得我在那一场对话里先离开,转过头看她坐在木凳上的背影,是凄凉的,也是难过的。

　　我从未有勇气点开阿琳的微信对话框,与她说话,跟她寒暄,因为我还在原来的工作岗位上,还在那个她曾耿耿于怀的公司里,甚至有着不错的收获与成长。我该和她说些什么呢?她离开前对我说的那些话,因为害怕,我已经偷偷说给了另一个同事听,我又如何面对她呢?

　　有些人离开了公司,但总会以一个名字的方式存在朋友圈里。

　　阿晓是第二个离开公司的。她是我们这一批新人里最早来公司的,入公司后不久,经常见到她被主编骂,也听老同事说她以前也这样,被骂得狗血淋头,骂得体无完肤,但她一直坚持在前线。

　　有时候看着阿晓努力工作的身影,我很好奇,也很敬佩,心想她的心真大,虽然一直被骂,但始终乐观,不放弃,不气馁。

　　直到有一次,阿晓做错了一件事,主编超乎寻常地生气,当即炒了阿晓,从此不要出现在她的面前。我们从主编一个人的陈述里知道这件事的始末,阿晓一句话都没有跟我们说,就走了。

　　她没有跟任何人告别,就连对她特别好的副主编,也没有说上一句再见。一切干干净净的,像是从未来过。

　　那一段时间,阿晓在朋友圈里毫无动静,自己不发朋友圈,也不给任何同事的朋友圈点赞或者评论。就这样,不知道过了多久,终于有一天我在一个同事的朋友圈下看到阿晓给同事点了赞。

　　我有很多次都想跟阿晓聊天,表示对她离开的惋惜。可是,离开的人终究是已经离开了,我是留下的人。人在落难时,任何帮助都会成了怜悯。我不知道我以前同事的身份去跟阿晓聊天,她敏感的心会怎么想。与其担心她多想,还不如什么都不做呢。

　　有些人的来是大张旗鼓的,离开却是悄无声息的。

　　公司的活动部有一个同事,叫小五。我知道他,因为活动说过几句话,他很活跃,非常活跃,整个办公室都会听到他的声音,每个人都能看到他来来回回的身影。不过,有一段时间,我突然发现他不在了。一开始,我也不觉得好奇,因为活动部的同事常年都在外地跑,出差是常事,直到有一天，我无聊地跑去看群，才发现小五已经悄无声息地退了工作群。

微信群只会告诉我们谁来了，从来不会告诉我们谁走了。毕竟，来是大事，走却只是一个人的仪式。

公司的同事对于小五的走没有发表过任何意见，没有任何人在我面前再提起过小五的名字，哪怕那一个与小五常来往的女孩子，一句都没有跟我提起过有关于小五离职的事。

还有些人，默默地来，又默默地走。

我在公司的工位在过道旁边，又处于中间地带，所以公司有一半的同事如果要吃饭或者上厕所，都必须经过我的位置，而每个人走过我身边时，我的思绪就会被打断，因而抬头看一眼，所以公司的很多人，我都能认个脸熟。

那天，我和同事一起下班，在地铁站遇到了一个男同事。这个男同事的脸很熟悉，我在公司见过，但是具体叫什么名字，属于哪个部门，我就不大清楚了。因为乘坐同一辆地铁，所以我们就同行了一段路，有一搭没一搭地聊着天，这算是我与这个男同事最近的一次接触了。

再次想起他，是在前一阵，工作时间长了，我站起来看看窗外，顺便望了一圈公司同事，多了一两张陌生的面孔，熟悉的面孔还是很多，坐得满满当当，但我突然找不到那个在地铁站遇到的男同事了。

他走了,什么时候走的,走了多久了,我都不知道,但我也不会去问。

人来人往,不就是在于我们都拥有不问对方的目的地是哪里的权利吗?

英雄,我不问你去哪

我很爱读小说看电影,尤其是侦探小说和悬疑电影。好的故事,会有自然而然的铺垫,水到渠成。讲述一个人从好人变成罪犯时,他的心理是有一个渐变过程的,不会无缘无故犯罪。

但凡一个人要做一件事情,不会毫无迹象,即使在外人看来特别突然,但实际上都会有一个缓冲的过程。

回头去看奇哥的朋友圈,我又一次相信了这个道理。

大约在一个星期以前,奇哥去看一场活动的预定场地,与搭建方见面,沟通各种事宜。他拍了两张活动场地的照片,配上一段文字,说:"在这里的那一刻,我才觉得到我的用武之地,我自己还是有用的。"

奇哥的朋友圈大多都关于他的幸福生活和工作,难得会有这般煽情的话语。因为难得,所以突兀。我忘记当时自己有没有看到这条朋友圈了,或许没看,因为很少刷朋友圈;也许看了,但没有放在心上。

直到活动结束,奇哥跟我们说今天是他最后一天在公司的日子,我才猛然想起他一个星期前的朋友圈是迹象,也是征兆。

我与奇哥不同部门,我在公司与同部门的人接触多,与其他部门的同事交流甚少,所以我与奇哥的相熟,花了特别长的时间吧,而具体是在怎么样的情境下,我现在也不大记得了。

人总是这样,只有在与一个人分别时,才会强迫自己不断地想起,或者记起与他是如何相识的,又是如何相熟的。我们常感叹来不及,是因为我们从未预想过离别。

我从未预想过奇哥会离开,他像是一个常驻员工;我从不曾去预想任何一个人的离开,因为世界难得有最好的离开。同事之间的话题永远不会是"我觉得谁谁谁要走了",只可能会是"某某部门要来一个新人"。

来来往往，来是开心的，而往却是低沉的。

我刚进公司的时候，很少见到奇哥，他属于活动部，当时公司计划着有将近一百场的落地活动，所以他不是在活动现场，就是在去活动现场的路上，我大概一周能见到他一次，而且常常是匆匆一眼。我进公司大概四个月后，到了暑期，大多数高校都进入了"休眠期"，因而奇哥出现在我眼前的时间越来越多。

忙活动时，我曾经有一次听奇哥开玩笑说："周一早上来公司露个脸，周日回家，下周一早上又来公司露个脸。"这话里也许有抱怨的成分，但是我听到的更多是兴奋，是激动，是由衷的感叹。或许，这就是奇哥所说的用武之地吧。

奇哥每天都在办公室的日子，其实我也不是很习惯，我习惯了他风风火火的造型，习惯他每周一拉着行李箱来办公室的日子。

奇哥长期待在办公室的时候，显得"无所事事"。用这个词语的时候，我很犹豫，但是在我的印象里，奇哥在办公室的时候的确很空闲，跟人说说话聊聊天，或者在座位上坐着看看电影刷刷网页，我觉得他是心慌的吧，人在空闲的时候最容易心慌，因为人活着，是需要不断被肯定的。

静的是心，动的是人。

当听说奇哥要走了，我很震惊，虽然来往都是最正常不过的事情,但是毕竟我与奇哥已经产生了同事之间的友谊。我喜欢他每次在我与同事吃饭时,跑到茶水间,看着我们吃饭,一样一样地数着我们的饭菜;我喜欢奇哥说我补刀功夫厉害,他常常做出受伤的表情,特别搞笑,也特别调皮。

奇哥与每个人的相处都是欢乐的,这是我们舍不得奇哥的最大原因。

我们在告别时,不再说"再见",我对奇哥说"我会想你的"。

我说过,来来往往,不就在于我们有着不问对方的目的地在哪的权利吗。所以,我不曾问过奇哥将要去哪里。因为我知道英雄总会找到他的用武之地,而且他一定会活得很精彩。

你别抱我，我怕我哭

独自一人时，泪水在眼眶里打转，内心的伤感来回翻腾，眼泪死也不肯落下一滴；忽然来了一个拥抱，无论是谁，趴在对方肩膀上的那一刻，眼泪如决堤般倾泻而下。

阿鱼姑娘在公司经历了与女上司和同事之间一系列的狗血剧情后，心有愤懑、不平，在多次较量、周旋过后，依旧无法摆脱糟糕的现状，最终提出离职了。我坐在工位上，看着阿鱼姑娘在公司来回走动，办着离职的手续。离开只是一瞬间的事，于她而言最难的或许是跟领导告别吧，如何诉说心中的愁绪或许才是更为长久的事。

在阿鱼姑娘看来，她的辞职是受尽了女上司的委屈，不得已而为之。这些事情，其他两个男上司并不知情，或许知情，但不插手。阿鱼姑娘想跟两个男上司告别，但如何说,如何心平气和地说,如何波澜不惊地说,成了最为难的事。

与那略知一二的男上司说辞职的事,他没有过多挽留,而阿鱼姑娘一说完,立马就回到工位上趴着,肩膀微微耸动着,眼泪如决堤之水。但周围的人都没有察觉出异样,她也慢慢平静了。

与一无所知的男上司说辞职的事,阿鱼姑娘恰好在我的工位旁。

阿鱼姑娘说:"我辞职了,明天不来了。"

男上司问:"为什么?"

阿鱼姑娘的声音明显哽咽了,但死死地维持住:"爸妈希望我回家发展,我也刚好换个环境。"

男上司说:"好,虽然很可惜。"

阿鱼姑娘:"我能跟您拥抱一下吗?"

男上司笑着说:"是不是我跟你拥抱了,你就不走了?"

我看着男上司走了,阿鱼姑娘回到她的工位上,眼眶泛红,但眼泪始终没有流下来。每个人都有自己的倔强,或许碍于情面,或许碍于真相,所以努力隐藏住自己的情绪,不哭不闹,装作毫不在意,装作若无其事。

入睡前,阿鱼姑娘发来消息:"临走前抱了抱人事姑娘,还是没忍住哭了。真的,我没想到抱住她之后会哭。"

人事姑娘与阿鱼姑娘的关系并不亲密，两者称得上同事，但无多余的交集。兴许是昨天下班时，阿鱼姑娘随意跟人事姑娘告了别，人事姑娘的肩膀在那一刻就出现了。原先好不容易忍住的情绪，原先好不容易克制住的眼泪，在触碰到肩膀的一瞬间，爆发了。

有时候我们哭得天翻地覆，不是真的伤心，而是他人的肩膀为哭泣开创了一条宽敞的通道。

几年前，我和大象先生刚处于暧昧阶段，当时心中的情愫颇多，时刻想引起大象先生的注意，所以想尽一切办法折腾。

有一次，我跟班主任请假回宿舍，其实身体没什么不舒服，大概是跟大象先生暧昧不成，心里不快，一心想着安静地待一会儿，顺便想气气他，让他知道我也有脾气，也有情绪，并不是天天围着他转的。

回到寝室，小睡两个小时后醒来，看了一眼手机，大象先生居然没有发来一条消息。我顿时气得直咬牙，又顿觉委屈，咬紧嘴唇，泪水在眼眶里打转，心中的愁绪如黄河之水般奔腾。突然，门响了，室友突然回来了，她推开门，看到我坐在床上，走过来问我："你怎么了？"

室友的肩膀在那瞬间出现在我的面前，我默默地靠上去，眼泪"哗啦啦"地流，刹那就湿了整张脸。

　　多年后回想起来,那一场哭其实毫无意义。虽然我和大象先生,在那一场痛苦之后没多久就正式从暧昧走向了光明,但那是水到渠成的事儿,与我的哭并无关系。

　　借我肩膀的室友,虽然见证了我脆弱的一面,但我们的关系并没有完全走近,依旧如从前一般,每日点头微笑,却不曾真正地吐露心声,变得亲密。多年后,我与室友在同学聚会之时谈起当时的事,室友笑着说:"我知道,你当时只是想哭而已,哪管得上面前的人是谁。"

　　临睡前,我打开阿鱼姑娘的微信,回了一句:"没事,你只是想哭而已。"

　　我们有很多"想"的时刻,无论遇上什么人,无论遇到什么事,一旦"想"了,故事就发生了。故事发生后,别为自己那些"想的时刻"而捶胸顿足或懊悔不已,因为人生不就是由无数个思维的瞬间堆砌而成的吗?

我在路上看风景，你在风景里看我

临近周五的下班，好像每一次都会变得轻飘飘的，大抵是对周末的渴望吧，盼望着逃离工作，什么也不想，什么也不做。但实际上，周末的安排依旧很紧凑，要录音，要看电影，要看书，要写文章，要做各种各样的事情。

不过，再忙碌的周末都与上班不同，周末是生活，上班是工作。

经常有朋友问这样的问题，不喜欢自己的工作，怎么办？我常说，把工作和生活分开就好了。对我来说，我的工作是自己喜欢的，都是跟文字打交道，没什么特别的喜欢和讨厌，可职场上的事情，依旧一件不落地遇到，该经历的总在经历，所以即使是面对喜欢的工作，我也要完全把它与生活完全分开。

说来是简单,做起来是不是很困难?我没有尝试过所有的工作,所以我无法体会每一个人的情绪,但对我自身而言,并没有那么难。我会在工作时间内想尽一切办法把计划完成,等到下班时间一到,工作完全被我抛弃在脑后,我的整个人就都蹦向了我的生活,我的脑海里已经完全想不起工作的事了。当回归到生活时,不要杞人忧天,不要提前忧虑,未来的事就让它在未来发生,现在都还没有过去,为何一定要提前担忧呢?

与大学学姐聊天,她出乎意料地去了一所大学当老师,我的确未曾想过,可我其实并不吃惊,相反,惊讶的或许是她自己。大抵,她在畅想未来的过程中,从未畅想过现在所从事的职业,但命运却让她走上了这条路。

最近,学姐也陷入工作与生活的困扰里,她问我:"喜欢现在的工作吗?为什么?如果不喜欢,有什么抑制这种不喜欢的具体方法吗?"一连三个问题,大抵也出卖了她最近的情绪。我的答案,如同我的状态——把工作和生活完全分开。

可,她是她,我是我,我觉得能够做到的事情,或许她需要时间。

她后来说她羡慕我一直在"看风景"。我看着与她的对话页面,突然由心底里爱上了"风景"这个词语,对于从前的故事,我常用"经历"来概括,但"经历"必定有好有坏,如果在夜深人静的时刻与朋友谈起"经历",无论好坏,定会徒增些许悲伤,但如果我谈起这些年在路上看到的"风景",这该是一场多么值得怀念的旅途。

"风景",工作和生活中都有。工作中的"风景",是一种成长,一种蜕变,当然,有很多人是折磨,是痛苦;生活中的"风景",是一种放松,一种坦然,当然,有很多人是犹豫,是踌躇。心态不同,"风景"自然不同。

而你究竟想要看什么样的"风景",其实是你的选择。

以前读过一个故事,也不知真假。柏拉图问老师苏格拉底什么是爱情?苏格拉底让柏拉图到麦田里去,摘一棵最大最金黄的麦穗回来,期间只能摘一次,并且只可向前走,不能回头。

柏拉图按照苏格拉底说的去做了,结果他两手空空地走出了田地。苏格拉底问为什么摘不到? 柏拉图说:因为只能摘一次,又不能走回头路,期间即使见到最大最金黄的,因为不知前面是否有更好的,所以没有摘;走到前面时,又发觉总不及之前见到的好, 原来最大最金黄的麦穗早已错过了;于是我什么也没摘。"

苏格拉底说:这就是"爱情"。

把"爱情"换成"风景",也不为过。

每个人都会在路上看到各种各样的风景,因为不知道前面会不会有更好的,所以常常不珍惜,也许到最后,什么也看不到了。内心会委屈,日子这么长,我们怎么知道自己现在看到的是不是最美的"风景"。

的确,我们永远都不会知道"最美风景"在何处,所以最好的方式是,我们要仔细看路上的每一段"风景",好好珍存,即使到了不得不放弃的时候,起码不会后悔,而且我们能带着过往"风景"的影子,更好地看以后的"风景"。

人的内心都渴望着看远处的"风景",一心想着远处的美和好,于是拼命地往前走,等真正走到了前方,却又会依依不舍地回头观望着过去的时光,感慨着是否看透了过去的"风景"。

我也一样,但我在日益成长的年岁里,褪去浮躁,安心享受着一路走来的"风景",不比较,不对比,而且我很确定的是,我一直在寻找"最美风景"的路上。

Chapter 5

请记得一个姑娘的努力

"既然要离开,当初为什么要来呢?如果在北京发展得很好,为什么不继续待着呢?"很多人这样问我。

北京,我曾走在你身上的每一步,我都用尽了力气,或许,是希望你能够记得,曾经有一个用力奔跑的小姑娘在你的身上走过,因此找到了自己。

我们终将去往何方

近处的人渴望远处，远处多的是万紫千红和欢声笑语；远处的人想念近处，近处有的是嘘寒问暖和随处可见。

大兵先生来北京培训，他住的酒店离我的住处很近，我懒得奔波，就邀请他到周围的商场吃饭看电影。

我和大兵先生之间，活动向来简单，他向来也没有过多的爱好和要求，我说去哪就去哪。重要的是谈话，我们似乎习惯跟对方抱怨、说话、倾诉，他这次跟我说："我可能要去广州了。"

我一惊，但一瞬间也就过去了，他是一个理智的人，所做的任何决定都是经过考虑的，我不需要把关。

大兵先生和我在同一所大学，他的家乡也在大学所在的省份，我是南方人。大学毕业后，他回了家，找了一份理想中的工作；我到了北京，找了一份喜欢的工作，我们之间的距离比大学的时候远些,但也不算远,总比我回了南方近多了。

毕业后,大兵先生是我见过次数最多的大学同学,他每次来北京培训,都会告诉我,问我有没有时间吃饭。有一次,他在天津培训结束,专程转到北京来见我。还有一次,我说我想回母校,他二话不说也回了。我把我们之间的相见当成习惯,虽然他说过他可能会离开家乡,我也说过我可能会离开北京。

经历过多少悲欢离合,才能在谈起离别时,能够不那么伤心。

我和大兵先生都很向往国外,也都有出国进修的打算,但我的计划止于钱,大兵先生的经济状况比我好些,但他的计划暂时也还没有实施,但这不妨碍我们有时候微信聊天的时候彼此分享国外的信息,包括考雅思,包括修习课程,包括想象我们终有一天会达到的生活状态。当然,话题的最后会慢慢指向现实,我感叹一句"没钱啊",他感叹一句"唉",这次想象之中的奔走便戛然而止了。

前面有说过,北京是我高中三年的梦想,当时为了去北京做了很多努力,但是最后都没有成功,不过幸好选择了一个距离北京很近的城市,中途往返北京多趟,也算是圆了梦。而我下定决心要在北京待一段时间的目标,我也做到了。

很多朋友都担心我会一直留在北京,毕竟热爱那么浓烈,但我耐心地告诉关心我的朋友:别担心,我过几年就回去了。

却也有人不解，问我："既然要离开，当初为什么要来呢？如果在北京发展得很好，为什么不继续待着呢？"

每一个人的最后都会在一个城市里安老病死，我也不曾想过突破这个常规，我知道自己最终也会窝在某个城市的某个角落里，安静地看着这个世界的黑夜慢慢降临。如果必然这样，那么我希望自己最后所在的城市是让自己觉得安心的。

北京是我的梦，但它是来骚扰我的深夜的，不是安静陪伴我度过这漫长黑夜的。

以前，我总是爱谈梦想，把自己所有喜欢的事情都聚集起来，打包成一个梦想包，然后背在自己的身上，一路前行。行年至今，人总是要活得越来越明白，那些我喜欢的东西很简单，其实没有必要非要装上"梦想"的包袱。喜欢的事，只要坚持，在任意一个城市都能做。

我以前对于大兵先生毕业后留在家乡的事情很不理解，因为他说过他对上海有向往，也想要去广州闯一闯，因为这些地方有他喜欢的东西。可我在毕业前夕试图劝了他很多次，但是最后他依旧坚决地留在了家乡。

回头去看这一年，他也经历了吧，所以这一年也是值得的。

生活好像一个不断调整的过程，我们不断调整自己去适应气候,适应地理,适应人际关系,直到完全融入当下的环境。每当环境转变,我们总会陷入焦灼的状态,突然的变化让自己措手不及。

那天是大兵先生离开北方的第一天。大兵先生跟我说他在天津的地铁上,奔赴一趟中午时刻的列车。我与他简单地寒暄过后,放下手机,着手整理自己的生活。脑海中经常浮现出大兵先生的面容,他坐在卧铺席过道的凳子上,特快列车飞一般地往前驶行,窗外的风景如过眼云烟般向后逝去,他看到了什么呢?他会不会也看到跟我一样的风景,或者有与我一样的感受?

大学四年,每年寒暑假坐火车回杭州,整趟旅程长达十八个小时。天亮时,我坐在卧铺席过道的凳子上,看着窗外北方的绿色,像是蒙了一层灰似的,等天黑后,窗外的一切都看不清了,我醒来后便到了浙江境内,窗外的绿色好像经过一场大雨洗涤,亮丽极了。

旅程的奔波,人群的嘈杂,让我心生疲惫,我在火车上陷入思考:我以后再也不要来回奔波了。那次回杭州,在回去的火车上,遇到一个在香港读研究生的男孩子,他也奔赴杭州,说是要参加浙江大学的校招。

我说真巧,我也回杭州面试。我又如自言自语般,说了一句:"以后,可能再也不会说'回杭州'这三个字了。"他对我微笑了,但是他没有再问,或许他没有听清,或许他听清了,有什么关系呢？旅途中多的是萍水相逢,大兵先生是不是也遇到了"旅伴"？

下车时,我和男孩子互相祝福"面试成功"。当然,最后我也幸运地成功了,在杭州找到了喜欢的工作。至于男孩子最后如何,我无从得知。

回到杭州后,天气已经渐渐入冬了,我以为年少时早已习惯的寒冷于我而言不是问题,却不曾想大学四年在北方的暖气里渐渐失去了御寒能力,我躲在被子里,三番五次挣扎着想做摘抄,想看书,最后都因为难以忍受的寒冷放弃了。

在空荡荡的房间里,我想起大学的四年,猛然发现大学除了在时间上离我久远以外，在空间上也逐渐有了距离。近乎所有的大学里认识的朋友和同学,都在北方,回了杭州，我好像与北方的每一个人都再也没有见面的机会,包括大兵先生。

在杭州开往北京的火车上,我想到了这四年中,我好像不止一次义正词严地说过要结束这段旅程。回想起自己的每一次决定,都好像铆足了力气,斩钉截铁,但最后改变时,内心会不安,会慌张,但还是义无反顾地开始了旅程。

人一次又一次地推翻自己说的话,要么日益消沉,愈发颓废;要么重塑自我,新建辉煌。我会是哪一种,谁知道呢？

就像毕业后留在家乡的大兵先生，口口声声说要在家乡奋斗十年，存够了钱再出去闯荡。结果，毕业一年，大兵先生辞去原先的工作，只身赶赴广州。

以前的我还以为，他会留在家乡十年，期间被父母催婚，找个女子结婚生子，从此再也不会走出那片土地。

我常常制定计划，规划自己每个阶段的故事。可有时候，心血来潮和一时冲动远远超过所有的计划。比如，我在回杭州面试的火车上，制定了未来十年，甚至二十年在杭州的计划，但计划不到半年，我又坐上了去往北京的火车。这，完全不在我的计划之内，但我不排斥这样的突如其来。

大兵先生的远行，是蓄谋已久也好，是突如其来也罢，他已经在旅途中了。未来，他将会经历什么，遇到谁，都是未知，唯一确定的，或许是他会比以往任何时候活得都要开心。

夜已深，也许大兵先生已看不清窗外的风景，他蜷缩在狭窄的上铺，是否做着一个勇敢的梦呢？

大兵先生已经做出了决定，想要去广州找寻他想要的、喜欢的。而我在北京的这些日子，更明确自己喜欢什么，想要什么，也把所有该经历的都经历了一遍，不留丝毫的遗憾和不甘。

最后，我一定也会离开北京，去我想去的地方。去往何方不重要，重要的是我开心就好。

如果你无法抵御风暴,就让自己成为风暴吧

每一个三十岁的人,都可能是一场风暴,且自由且疯狂且美好。

段年落在三十岁长了一根白头发,段年落在三十岁做着各种各样的决定,段年落在三十岁有着乱七八糟的反省与不甘心。"三十岁"这个词语,在某一天,突然出现在段年落的朋友圈里,与之前的段子和转发链接不同,看似有些突兀,但又好像不完全是。

段年落是我的副主编,也算是我的引路人,他在我入职的第一天起,便倾尽全力地将工作这条路上可能遇到的欣喜与困难一一展现在我的眼前。

"三十岁"并不突兀,它是一点一点地走到了段年落的身边。

我还没有三十岁,但我如十几岁的段年落一般,也曾向往着那个成熟的年纪,大概是以一种天然乐观的姿态畅想自己在三十岁时家庭幸福、事业有成的情景。当然,很可能如他所说,此时还是年轻,把一切都想得太理所当然。

段年落常说自己是一个"失败者",但我并不觉得,我们都不觉得。的确,"有车有房有事业攒了不少钱"的确可以成为一个评判是否成功的标准,毕竟无论我在北京还是上海,又或者途径任意一个城市时,都无比歆羡那些在脚下这座城市"有车有房有事业攒了不少钱"的人。但"有车有房有事业攒了不少钱"只是一个标准,而人生不是充满了各种各样的标准吗?我们每个人不都是满足了世界的标准,才来到地球的吗?

我也很爱跟别人比较,比谁漂亮,比谁有钱,比谁找到了更好的另一半。幸好的是,这些东西,我一样都没有,所以也就没有了失落。即使有时深陷泥沼,徒生片刻的落寞,幸好那些念头只是一闪而过,遁于无形。正在慢慢流逝的青春,我看着它从我身边一点一点地滑过,我却没有伸手抓住它,因为我知道,唯有它走过,我才能真正成长。

或许是我们对失败的定义不同,我不觉得自己是一个失败者,也不觉得段年落是。相反,我觉得他是成功的。尽管我暂时还不能够在"成功"的前面加上一个修饰词——"非常",因为他还有很长的路要走,他必然要经历以后的每一个高峰和低谷，"非常"这个修饰词，我想留给他的以后，留给他自己对自己的评价。

他的成功，在于他意识到他已经三十岁了，因为岁月同时来到每一个人的身边，而他先发现了，而有些人却始终浑然不觉。

他的成功，在于他能清楚地认识到自己的境地。他说他是"身边朋友里混得最不好的那一个"，也许是的吧，但我不认识他身边的朋友，我只认识他，他在我的心里"混得最好"。

他的成功，在于他对过往岁月的深刻反省，尽管我并不赞同他的反省。他说"从前懦弱得很明显，现在也不见得好到哪里去"，大概是他不记得自己曾如英雄般站在我的眼前，面对我的眼泪，将我慢慢拉出泥潭。有没有谁告诉过他，他为别人"两肋插刀"的壮举，帅得一塌糊涂？如果没有，我希望我现在已经告诉他了。

成功与失败并不完全对立，但在世俗的眼光中，它们暂且分为两个阵营。没关系，段年落是一个自由的人，他不需要活在世俗的眼光之中，也没有人有资格以世俗的眼光评判他，不是吗？

三十岁这一年，段年落把公众号"他的空房间"改名为"日常奔丧"，我记得它最开始的名字是"有些灯火"。看吧，他的"努力修正"，虽然没有创造出什么奇迹，却也并没有"浪费了很多气力"，因为记得的人始终记得，看向他的人生时，也会看到一条蜿蜿蜒蜒的曲折奋斗路，看到始终奔走的他，一清二楚。

三十岁这一年，段年落在朋友圈写"如果你无法抵御风暴，就让自己成为风暴吧"。他不知道吧，他在我的心目中本就是一场风暴，不停地旋转着，因为那些他不曾刻意记得的小细节，早已在他人的心中筑起一堵温暖的高墙，使他们具备了独立承担风险的些许能力。

我的三十岁还没有到来，但我知道它正在逼近。如果段年落跑来问我是否恐慌，我一定会用力地点点头，因为我害怕，我害怕自己在三十岁这一年孤家寡人青黄不接，在世俗的眼光中东倒西歪，年轻时的畅想走向了失望的深渊，但我知道，他一定风轻云淡地说没事，而后替我想出一些可行的办法。

看吧，青春远走有远走的好处，因为他始终比我更懂得时间的力量，他始终比我要勇敢。

我大概不必劝他接受他的"三十岁"，因为他早已接受了，包括好的坏的人生，他都已经接受了。说着"人间不值得"的人，不正以最大的热情爱着这个世界吗？罗曼·罗兰说：世界上只有一种真正的英雄主义，那就是在认清生活的真相后依然热爱生活。他正在践行的不正是一种"英雄主义"吗？

比起做一个"成功者"，当一个"英雄"是不是更精彩？

北京，我走了

从未有任何一场离别突如其来，所有的告别都是已经酝酿完成的一句"再见"。

公司在会议室给在二月份出生的同事庆生，顺便庆祝情人节。会议室聚满了人，五个寿星带着生日帽，剩下的人拍着手在唱生日快乐歌。许完愿吹完蜡烛，灯光亮起，每个人都谈笑风生地分蛋糕，吃零食，我一个人躲在队伍的最后，看着他人的热闹，心生不出任何开心的情绪，只是觉得这热闹不属于我。

我突然很想Lesley小姐。记得有一次，她一直在调整一个文件，非要把所有的字体都居中，我一直待在她旁边等着打印，可是她一直还在处理，我最后等得火了，把中途罢工的打印机修理了半天，总算打印出文件，虽然没有Lesley小姐的打印机打印得清晰。

我坐在位置上，对着文件生闷气，Lesley小姐似乎终于把文件处理完了，过来问我："还要打印吗？"

我冷冷地回："不用。"

Lesley小姐似乎察觉到了我的情绪，闷闷地回到座位上。于是，我们这一天再也没有讲过话。

Lesley小姐辞职后，我开始变得沉默寡言，一门心思都放在工作上，有时候肩膀酸了，才会让自己从高强度的工作中抽出身来，站起来走一走，看看微博，但这些都是自我与自我的交流，不像以前，直接拉过Lesley小姐的凳子，兴奋地说："来来来，我跟你说。"

我慢慢拒绝跟同事交心，试图与所有的人都保持一定的距离。

想起第一眼见到Lesley小姐，她好像不是我喜欢的类型。她的身上透露出一种不自信，而我自认为自己的神经大条，最难照顾敏感的心思，所以一开始我们走得不近。不过，后来慢慢接触，慢慢了解，她的内心有一股坚定，虽然我还不知道是好是坏，是对是错，但很吸引我，我觉得那是Lesley小姐最自信的部分。

昨天中午吃完饭，我在座位上看着自己的钢笔，苦于没有墨水，写不出一个字，于是想出去买墨水。习惯性地一转身，想叫上Lesley小姐，却发现她的座位上坐着一个陌生的人。其实不陌生，但也不熟悉。

幸好，看到同事瑶瑶坐着，我跑过去，问她要不要去。

我和瑶瑶也投缘，可惜的是，我不敢在大庭广众之下和她走得太近，因为职场上的例子历历在目，谁也不愿意重蹈覆辙。

Lesley小姐，你为什么走了呢？

走在小区的路上，我在想明天中午要吃什么，猛然记起中午忘记出门买菜，于是不得不多走些路，在小区的超市里屯了三天的菜。

Lesley小姐，如果你没有走，我一定会叫你陪我出去买菜。

下班后，我走在去往地铁站的路上，设计部同事问我之后的打算，我忍不住说了实话——自Lesley小姐离开北京后，也陆陆续续地见证着或者听说了一些人离开北京，而我自己几乎每隔一段时间就会不自觉地想——我什么时候会离开。相似的时光在一年之前，我在杭州，站在窗户旁，看着楼下的车水马龙，我不自觉地在想——我什么时候会去往北京。

一年之前，我走出北京站，默默地站在人来人往的潮流中，低着头闭上眼，心里默默地呐喊——北京，我来了。此时此刻，我坐在公司的工位上，收拾着座位上的每一样物品，几乎每隔一分钟就会默默地跟自己说——北京，我走了。

我知道我在北京可能一辈子都买不起房子，而如我这般渴望有一个温馨小窝的人实在不愿意一直反反复复地租房换房；我知道妈妈每天在电话里念叨着"身体不好""心情不好"的背后根源在于希望我回杭州；我知道自己迟早要回到家乡的土地上，早晚要回为何不早回……

因为有太多的"知道"，所以我选择了离开。

我听说很多人在离开北京时都用了"逃离"这个词，我在朋友圈看到过"逃离北上广"的活动，引起了每个人的热血沸腾，通通远走。我也听人说过，北京只是一个普通的城市，不要在它身上倾注太多的情感。

我不是"逃离"，但我的离开也必须用这样的方式矫情纪念。

北京于我而言，从来不只是一个普通的城市，它曾经寄托了我高中三年的全部念想，它曾经多次出现在我的脑海里，它曾经是指引我前进的路向标……没有人能够真正理解我对北京的感情。

人的一生是用来经历的，而经历是用意义来衡量程度的。意义是一种隐私，不可转移，不可赠予，只可日复一日地堆放、沉积，直到它化为身体的一部分。"北京"这两个字是我身体的一部分,是我经历的一部分,是我生命意义的一部分,而且无可替代。

这里,脚下的土地,称为"北京"。它承载着多少人梦想的重量。我的工作在北京的三四环之间,早晚高峰时期地铁里的人好像一条条沙丁鱼,窜来窜去,拼命游走在这个偌大的沙丁鱼罐头里;我的住处在北京东面的五环边,小区是二十世纪五六十年代建立的房子,住着一群爷爷奶奶。每天早上傍晚,公园都会有一群跳广场舞的老奶奶和一群打太极的老爷爷;每个周末,公园里处处都是走着跑着的小屁孩,眯着双眼,惬意地享受着新鲜的空气和温暖的阳光。

这里,我的北京。一年之前,在我踏上这片土地之前,我志气昂扬地认为我要在这片土地上扎根,实现我的梦想。一年之后,我带着我满满的收获,离开这个见证我成长的城市。如果有一天,我被问起——你在北京学到了什么?那些说得出口的是经验,是经历,是不可多得的财富,而那些说不出口的是情绪,是念想,是仅此一次的意义吧。

某一天,我下班后骑车回住处,在骑到某一段交通拥堵处时,我目不转睛地盯着前方,一辆庞大的公交车几乎与我擦肩而过,似乎只要偏一寸,我便会与它相撞。看着"人山车海"的马路,我骂了一句——这万恶的北京。

　　我想我不会再说北京哪里哪里不好,这大概是因为要离开的缘故吧。北京城市里时而泛滥的雾霾、拥挤的6号线、漫天飞沙的大风,诸如此类先前令我十分讨厌的事情忽然也变得可爱了。

　　我想我还会想起北京这个城市,但或许不是站在19楼的窗口,而是在夜深人静的某个美梦之前,或许是在谈笑风生的一次感言之时,或许是在安土重迁的一次挣扎之后,我突然想起了北京,想起我在这里倾注的一年时光,想起我在这里吃过的每一顿饭,走过的每一步,然后坦然一笑,继续我之后的生活。

　　去年的一月二十七日深夜十一点,我发过一条微博——"我总会想起我的北京。怎么办?"如今想起来,或许是当时的不甘心作祟吧,有时候我们总是对摘不到的葡萄抱有特别的幻想——有时候想象它过分酸,有时候却想象它过分甜。

　　我想我不会再陷入这种不甘心的反复循环里,人生最痛苦的事莫过于懊悔,我既已经将不甘心都一一尝试,又何必死死地磕住某一种情绪不可自拔呢?

　　我想我会永远记得在北京遇到的每个人和每件事。工作的这一年,接触了些许同事,感谢这段时间对我的照顾与关爱;在做十几本书的过程中,接触过多多少少的作者,虽然都适当地保持着工作的关系,但我内心非常感谢他们对我的包容。生活的这一年,始终在同一个屋檐下的四个室友,欢笑、嬉闹、尝鲜、拍照、谈心,何其荣幸遇到你们。

离别都是不舍得的, 舍得的不过是彼此安慰的祝愿;离别都是充满愁绪的,欢笑的不过是彼此安慰的"定会再见"。

北京,我走了。

北京,我现在走在你身上的每一步,我都用尽了力气,或许是希望你能够记得曾经有一个用力奔跑的小姑娘在你的身上走过,虽然留下的痕迹都将被时间的浪潮冲走,但允许我如此矫情地奢望一番。

北京,我走了。

你们的模样,是我记忆中的北京

　　2015年,同事瑶瑶义无反顾地离开了内蒙古大草原,只身来到了北京。一开始,因为工作没有尘埃落定,她住在一家青旅,白天四处奔波地找工作,晚上回到青旅,与一个又一个黑夜亲密相处。临睡前,她去超市买一些生活用品,走在回青旅的路上,一种凄凉油然而生。瑶瑶看着自己的狼狈模样,问自己:"我在北京的意义是什么呢?"

　　很多问题在很多时候,永远都没有答案。瑶瑶看着路灯下自己孤单的影子,突然发现她丧失了到北京之前的勇气和坚持。那一刻,看着自己的模样,她突然想放下手中的一切,回家。当然,回到青旅后,困意袭来,原先的狼狈与失落烟消云散,第二天一早又打满了鸡血,东奔西跑地到处面试。

　　我问她:"你是靠什么坚持下来的?"

瑶瑶不好意思地红了脸，说："你知道我爱追星，我觉得我只要待在北京就能经常见到他，所以我要努力留在这里。一直，都是这个信念支撑着我，不知道这算不算荒唐。不过，因为他，我愿意承受这份孤独。"

我不问瑶瑶什么时候会离开北京。在我的印象中，每个人每一次的离开，都是心中某一个信念的坍塌，是悲伤的，是难过的，所以我无法问她什么时候对北京这片土地，又或者对她心心念念爱着的偶像死心，太残忍。

三天前，Lesley小姐更新了一条朋友圈，有关于她的仪式感。去年的这一天，她以一种满满的热忱和勇气的姿态到了北京；今年的这一天，她已然到了深圳，天空飘着毛毛雨的夜晚，她加快步伐躲避着可能顷刻而至的狂风暴雨。

在和Lesley小姐不断交流或者摩擦的过程中，我常常轻而易举地说出很多话，但也有很多话，比如"如果早知道这样，当初还会来北京吗"，又或者"如果早知道这样，你会后悔吗"，我没有轻易地说出口，因为我害怕被反问。

很多问题很多时候，其实不是没有答案，只是我们不知道哪一个答案才是对的。朋友圈里有一句话——我爱死了那个时候的自己，所有的可爱和热情。我想这或许是Lesley小姐间接回答我的话吧。虽然我不知道这个答案是对还是错，但起码是我们都想要的答案。

Chapter 5
请记得一个姑娘的努力

　　Lesley小姐离开北京前，我们一起吃了共事九个多月以来唯一一顿晚饭，我永远记得那时的她，有着对脚下这片土地的回忆，也有对未来的向往，现在再回忆起，好像也是充满温情，并且愈发地怀念那一晚的麻辣烫。

　　我记得我跟Lesley小姐说过，我也会离开北京。每一个人，除了故乡，其余所有的地方，都是来来往往，有来的一天，自然也有走的一天，但来也好，走也罢，只要在有限的时间里，努力而勇敢地爱脚下的土地，这就是最奇妙的生活吧。

　　这天刚从云南放纵自我归来的室友海蓝兽突然在群里说她准备回家了，隔着电脑屏幕，一边飞速打字问她"真的假的"，一边眼泪迅速落下，感伤的情绪迅速地充满了整个思绪。

　　我无数次地想过自己最终离开北京的模样，就像大学毕业之前我也曾经无数次想过自己最终离开石家庄的模样，每一次的想象都在提醒我自己，离开是我必须学会的事情。不过，真正要离开的时候，我却发现自己永远是那一个不愿意接受的人，于是我都会做那个最先离开的人，这样心里会好受一些，总比看着所有人都走光了，剩自己独自与背影说再见要更潇洒，起码在我回头时，有人在身后祝我一路平安。

　　海蓝兽跟我说："想到你们走，我和娃娃鱼小姐心里都空落落的。虽然知道迟早要走，但真到了这个时候还是忍不住难过。其实也没什么的，我们不可能一辈子都在一起啊，早晚都要各自回去。"

在北京东五环的边上,我们四个女生在一个老小区租了一个两室一厅的房子,每天不同时段地出门,去奔赴我们的前程,夜幕降临时,再从四面八方回归到安静的小区里,谈笑风生。我经常在自己的床上做自己的事情,小星星和点点常常窝在客厅的信号区打游戏,海蓝兽窝在被窝里看各种各样的电影、电视剧和综艺节目,再分一点心跟男朋友视频。这是我们四个女生通常的生活常态,但更多的时候,是我们四个人窝在一起喝酒聊天、外出游玩、周末火锅派对,我们相互支撑着在北京度过我们最初充满雄心壮志的人生。

一个人走,两个人走,三个人走,四个人走,这个两居一室会慢慢变得安静,一直到没有任何声音,然后会住进新的人群,抹去我们曾经留下的痕迹。

从前,卷毛小姐也和我们住,后来她搬走了。我记得她走的那一天,白色的面包车往前走,我躲进楼梯口的一片幽暗里,装作若无其事地上楼,但心空了一块,像是有关于北京的记忆被硬生生地挖走了,但转念一想,卷毛小姐只是离开了这里,她还在北京,幸好。可是,我知道,总有一天,我们会一个人走,两个人走,三个人走,四个人走,五个人走。

多年以后,等我想起北京时,或许更多的是你们在我脑海里的模样吧。

何其幸运遇到你

勒布问我什么时候再搬去北京。

看着消息,我愣了许久,不知道要如何回复。当初,我一心想去北京,迫不及待地跟勒布提及这个想法。他先是劝慰,简单讲述了他北漂的故事,剖析了其中的酸甜苦辣,在得知我的决心后,他转了语气,说欢迎我到北京寻梦。

勒布也在北京寻梦,我不记得这是他在北京的第几年,自我认识他起,他就活在了北京那片土地上。

前段时间他发了一条朋友圈,大概意思是如若再无结果,他必知道什么是内心所寻,必定要舍弃一些东西。后来,再去看朋友圈,状态已经被删除了。勒布很少发动态,有时候发了,过一段时间也会删掉。人,大概是到了一定年纪,慢慢习惯隐藏起自己的情绪,慢慢习惯不说过于肯定的承诺。

　　勒布对我而言,是一个神奇的人;认识勒布的过程,也充满了神奇的色彩,不同寻常。当时,高中小学妹兴奋地跟我说她在新浪博客上发现一个特别会写影评的人, 也就是勒布,但勒布究竟是谁,是男是女,是老是少,她全然不知,但她深深地被他写的影评吸引,一个字都不想放过。小学妹天花乱坠的夸赞,惹得我也生出兴趣。当时的勒布,还没有定期删除的习惯,所以我很容易翻到他所有的文章,博客里长长的几页都是他写的影评,我从第一篇开始看起,看到第十篇,我决定要认识勒布这个人。

　　其实,人与人的认识向来不是一蹴而就的过程,况且我和他只是通过一个完全陌生的平台相连,任何突兀的行为最先引起的往往是反感,所以我不能轻举妄动。我停止继续阅读勒布的文章,鼠标返回到第一页的第一篇文章,再读一遍,然后认真地写下我的评论。

　　勒布写的电影,有些恰好看过,我在评论里会谈自己的看法;有些只听说过,也有些完全不知道,但还是不懂装懂似的写几句空洞的话,其实连我自己也看不懂。就这样,我每天都坚持阅读勒布的一篇文章, 再仔细评论, 直到勒布回复了我。

　　他回复我时,我已然不记得自己评论了多久,评论到了第几篇,我只记得自己沉浸在勒布回复我了的兴奋里。他好像先感谢我对他的关注,再是跟我谈了谈电影。

勒布在中国传媒大学读导演系,他的梦想和电影相关,想拍一部院线电影,但梦想宏大,现实艰难。

刚开始,我们的交流只局限于新浪博客的评论,后来才慢慢开始交换了更多的联系方式,如今,我的任何一种联系方式里都有他。但截至大学毕业,我和勒布只见过一次。

在与勒布认识的第二年,闺密想去中国传媒大学找朋友,我心想着勒布在,迟早都要见一面吧。勒布在新浪博客的头像是《放牛班的春天》里的男主角,我当时没有认出,以为是勒布本人,我心想,这也太好看了吧。但,见到勒布的时候,我吓了一跳,他不是外国人,没有蓝眼睛白皮肤,相反,他的皮肤有点黑,发型很先锋,衣着很潮流,我很奇怪自己哪里来的勇气见一个自己从不认识的朋友。

当时,尽管行程匆匆,聊天的内容已然不记得,但我和勒布的友谊在那一面之后更真实了。

我和勒布说,我想写电影剧本,他二话不说寄了一箱子书到学校,全是他之前买的,残留着他看书时的痕迹;我问他有没有类似完整的电视剧剧本,他当天就寄过来厚厚的一本;他大学毕业后,北漂了一段时间后,决定回家,大学四年买的书太重,只好论斤卖了,在卖之前,他又给我寄了整整一箱子的书,他说与其都卖了,不如送给值得的人;我小试牛刀地写了一个短剧本，不敢给他看，我害怕他觉得我写得差劲，他说："我对你都是希望，不会失望。"在去北京之前，我心慌，他发微信跟我说："不要有压力，北京是个梦想密布的磁场，也是个人群混杂的地方，不要怕，想吃什么可以告诉我，我请你。"

有许多细节，我都清清楚楚地记着。

我和勒布，不是紧密联系的关系，大多都是有感而发，有话想说，有事想做的时候，找一找彼此。

我一直觉得自己是一个幸运的人，行走这一路的人生，遇到的人，比如勒布，无论发生什么事，都一直关心我，支持我，坚定地站在我身边。

我问勒布："我何德何能，认识你，享受着你的关心。上天真的对我太好了！"勒布隔了许久，回复："因为你美啊！"

幸好,我们都有所想

有一个朋友叫婷仔仔,大约在半年前,得知我正在做一个电台节目,她当即就露出了一种羡慕的表情,然后她说她也有一个当音乐主播的梦想,想了很久很久。我笑着鼓励她,只要心有所想,那就努力去做,不要心存遗憾。

她担心她的嗓子不好,她担心她的普通话不标准,她担心她写不出很好的播音稿……她有着许许多多的担心。我说别担心,开始去做就好,结果如何并不重要。

人生重要的部分是过程。我总是会想起我的第一期电台节目,偶尔也会回头去听,听着听着我就会不自觉地笑起来,真的不堪入耳。我的声音怎么会这么僵硬,我的吐字怎么会这么别扭,我的语速怎么这么奇怪,这真的是我录的吗?

于是,我拿我的第一期节目鼓励她:你听过我的第一期节目吧？录得那么糟糕，我自己都不忍心回头听。可是，你看我现在，虽然可能也只能算得上刚入门，但是比起最开始，我不是进步了很多吗？只要你开始了第一步，后面的一切就会很容易。

她点点头，虽然我看到她的眼神里依旧有很多的不确定。

时间一过，就是大半年。昨天，她终于给我发来一条微信，消息内容是她录音节目的链接，时间不长，大概只有6分钟的时间。下一条微信，她说："我开始了。"我看着微信，笑了，把她的节目从头到尾地听完了。

我听到的不只是她的声音，也不只是她想要分享的音乐，更多的是一种梦想开花的声音。这声音听起来酥酥的，暖暖的，就好像我第一次听到自己的录音一样。

当主播的梦想，我很小就有了。我喜欢自言自语，也喜欢与他人说话。高中的时候，这个梦想愈发强烈，有时候走在路上，我都会喃喃自语，嘴里默默念着"大家好，我是主播"。凑巧，学校的广播台正在招新，我二话不说就去报名，其实也不知道自己能做些什么，但总想离梦想更近一步。

最后，我被录取上了。我记得每周五的下午，第四节课的铃声一响，同学们都往食堂和操场上跑，我就拿着小本子往广播台跑，调节着各种复杂的机器，深呼吸一口气，准备朗读文章。通过一个小小的广播，我的声音进入了所有人的耳朵，这种感觉好神奇。

到了高二,学业就成了重要的事,广播台的职务辞了,主播的梦想就被暂时抛在了脑后。等到了大学,这个梦想一直在我的脑海,随着科技的进步,我也渐渐地了解到当时在手机上正流行的录音软件,也一直跟自己说要尝试,却始终踏不出第一步。

我不知道自己在害怕什么,或者在担心什么,但录音这件事总是被我无限延迟。即使最后,和我搭配的朋友已经默默录完了三四期,我还没有正式开始录音。当一个人决心要开始他的梦想时,那么在实现梦想过程中遇到的所有问题都会像潮水一般向自己涌来。万一自己录得不好,或者录得很糟糕,没有人听怎么办,我甚至担心如果就这样走上了正轨,如果有一个礼拜,我录不了节目,又该怎么办。

突然,有好多好多的事情需要考虑,于是我在梦想面前迟疑了。

但是最后,我还是做了。我录了我人生中的第一个电台节目。现在回头去听,那一期节目的确录得很糟糕,但是听着那一期节目,我很开心,也很快乐,因为我听到的是梦想开花的声音,酥酥的,软软的。

我们有无数的时间和机会去创造一个梦想,我们也有无数的时间和机会把这个梦想说给别人听,但是我们从他人口中得到的羡慕、表扬和喜欢，都远远不及我第一次踏上梦想之路来得快乐和幸福。

　　刚刚，婷仔仔给我打电话，说起她不成形的梦想，言语里都是兴奋。前几天，我看到她难得发了一条朋友圈，配了两张更难得的自拍，文字里说自己是一个有梦想的好姑娘。她跟我说，她就快要找到她的心中所想了，也已经在一步步地往这个方向上走了。

　　真好。

　　幸好，我们都有所想。

Chapter 6

你若强大,不怕改变

那些曾经深爱着的事物,回头观看似乎远远不够,我们要勇敢地伸出手去,认真地触碰,并且用心感受,已经变了的痛苦。

改变,从来不是一蹴而就的事,而是由一个又一个的坐标划出来的一条记录量变的长线,终点是最终实现的质变。

若为自由故

　　小时候,听过许许多多好玩的事情,而且信以为真。每次遇到调皮的大人,他们总是吵着嚷着要看我的十根手指,观看每根手指最上端一节的纹路。农村习俗里,一般把手指纹路分为两种,成圈状的称为"锣",不成圈状的称为"鸡",再根据数量的多少,判断出一个人的某些特性。

　　我的手指纹路很奇怪,十根手指的纹路差不多,都不成圈状,也就是有十只"鸡"。农村俗语里说:"十只鸡,满天飞。"也就是寓意着我将会成为一个自由自在的人。

　　我这个人很奇怪,称不上迷信,但是对于有一些普遍流传的特征,却又会特别深信不疑,就像手指纹路的寓意,我觉得特别适合我,于是我就相信。就跟有时候星座显现的特征一样,我只要觉得符合,就会深信不疑。

因此，我深信自己是一个自由的人，在懂事后的每一天里，我都努力地让自己向着自由跨一步，不管做什么事，我都努力地以自由为标榜。在学校的时候，我不喜欢学校里的各项规章制度，但因为我在家长和老师的眼里一直扮演的是一个好学生的形象，所以我不敢明目张胆地挑战权威，一般都是采取"擦边球"的状态，比如永远都踏着铃声进教室，尽管班主任一再强调要早点到教室好好复习；比如总是找尽借口不穿校服；比如我不喜欢跑操，所以总是半路偷偷溜走。

这些，在当时的我的世界里，便是我想要的自由。

工作后，我对于自由的理解更多了一些。高中毕业的时候，我去了一趟西藏，当作毕业旅行，这对我来说是一场从高中步入大学的成人礼；大学毕业的时候，我一心计划着去台湾，听说有学生证的时候去台湾也十分方便，但是十月底我就开始了实习，而且是全职，也就是说除了双休日和节假日，剩余的每一天我都必须完全奉献给公司，如果非要抽出个十天半个月，我就必须请假，请假也就意味着我要提前安排好这十几天的工作以及接受这些天分文未入的结果。

那一刻，我突然意识到"有所得必须有所失"的含义。

实习后，我没有再问家里要过生活费，所以原先存着的钱慢慢地被我投入到了自己的生活需求中,实习的工资不高,我要支付自己的房租费、生活费等许多费用。原本存着准备去台湾的钱,慢慢地被我用得差不多了,而且实习之后也完全没有多余的时间,于是去台湾的计划一直被搁浅了。

第二年的三月份初,我辞去了实习的工作,回学校准备写毕业论文,时间终于多了,但是我已经没钱了,而且也不好意思问家里要钱,于是去台湾一直成了心头上最渴望的事情。

毕业后,学生证失效了,去台湾的手续变得异常复杂,而我又投入到茫茫的北京潮流中,寻找着自己喜欢的工作。而后,我又开始了工作生涯,享受着只有双休日和节假日的"自由"时光。

毕业后,我选择了自己喜欢的工作。在工作的选择上,我是自由的,没有人给我过多的束缚,我成为了一名图书编辑。在我原先的认知里,图书编辑的职责就是做好一本书,于是我埋头苦干,对着一本又一本的书,看文字,看语法,看细节,我一想着只要把一本书做出来了就是好的。

直到有一次,副总编给我和同事开了个小会,说了一些他对于手头上的一本书的营销计划,同时把话题扩散了出去,他说一个真正好的图书编辑,不能只埋头做书,也要试着把自己做的书卖出去，宣传出去，扩大自己的品牌。

他说："一个真正好的编辑，不仅仅要做好一本书，更要卖好一本书。"

他提及他刚做编辑，刚开始做一本书的时候，为了提高认知度，他会给每一个QQ好友发消息，他不懂群发，通常都是编好一条消息，复制粘贴，请朋友帮忙点击。他说最重要的就是脸皮厚，然后他让我们也去给好友们挨个发消息。

我的内心是不愿意的，因为在我的世界里，朋友是我选择的，属于我的自由，我希望自己是能够把工作和生活分开的人，所以我不愿意让我的自由领域受到侵犯。但是我也听过许多的话，说人活在世，其实很难真正享受到自由的环境。我们推崇言论自由，但是在网络上我们会因为毫无节制而将言论趋于一个不受管辖的范围，这并不是真正的自由。

自由，或许是我们可以说我们想说的，但又不会过于放纵。自由，或许是我们一直在做自己喜欢的工作，而且又拥有足够宽阔的自由领域吧。

我不想再来不及

2014年11月27日,中国好声音学员姚贝娜发了最后一条微博,评论有将近三百万条,最令我唏嘘的是吴青峰写在2015年1月17日的话。

"记得一次访问你说,想要跟我合作,从那时候,我就开始期待那天的到来。到现在,我还是期待会有那天。你,一直都是名副其实的天籁。在这,点点滴滴聚流的思念,都是来自你生命的河。来不及聚的,来不及唱的,天上见吧!"

2015年1月16日下午四时五十五分,姚贝娜因乳腺癌复发,于北京大学深圳医院病逝。

吴青峰说的这段话,姚贝娜听不见了。曾经有过的期望,流露而出的遗憾,不知道天上的她是否能感知到呢?我们总以为时间还长,于是任性地把想做的事情一拖再拖,直到有一天发现好像来不及了，真的来不及了。

2015年末，我断断续续地开始践行"毕业信计划"，以毕业的际遇与心情给生活中的朋友写一封信，一直写到了2016年。等到2018年，大约有十多封毕业信依旧残留在我的抽屉里，白色的信封上写着一个又一个熟悉的名字，我一封一封地拿起又放下，我已经记不得自己写了什么，也不记得为什么明明毕业已经两年，信却还在我的手上。

手中那叠信的最后一封，是写给张小姐的。张小姐是我的高二同学，坐在我的后桌，大大咧咧嘻嘻哈哈的，这么多年过去了，她的名字依旧熟悉，也一直安静地躺在我的通讯录里，可是她再也收不到我的信了，再也不能回复我的微信了。

张小姐在大学二年级时被查出鼻咽癌。我从未想过，与自己类似年纪的人会如此地接近死亡，我不仅震惊，更是失措。幸好的是，她足够勇敢，也足够坚强，于是我看着她休整、住院、化疗、休学，于她而言度日如年的岁月，在旁观者的世界里，只是一个又一个普通的不能再普通的日子堆砌起来的而已。

临近我毕业时，张小姐化疗效果显著，兴高采烈地回了学校，剃光的头发又茂密了，过着与常人无异的生活。我与她的沟通越来越少，因为浅薄的语言化解不了她的痛苦与难过，而我无法感同身受她的疼痛，也不能替她承担痛苦。

2016年6月，我写好了给张小姐的毕业信，约定回到杭州后见面。可惜我突然变卦，决定去北京，于是那封信从学校跟着我到了北京。

2017年6月，我从北京离开，那封信夹杂在我的行李中随着物流回到家，从此安静地躺在抽屉里，无人问津。紧接着，我到了上海，忙碌的工作和变动翻滚的情绪使我将许多事都抛之脑后。

2017年末，听闻张小姐癌症复发，病情恶化，不幸离世。那一天夜晚，我围着体育馆一圈一圈地走，一边走一边翻看张小姐的朋友圈。

2017.2.21

就算到最后，自己也从没有放弃过我。

2017.2.23

人不能因为害怕失去，就不去拥有！我嘛，纯属来不及了。

2017.8.18

我以为没人能感受我的痛苦

我以为没人还记得我，会在乎我

慢慢地

就像心魔一点点蚕食

开始折磨

折磨自己，也折磨别人

把自己，把身体，弄得伤痕累累

才觉得原来

我

还活着

甚至让父母在我面前声泪俱下

撕心裂肺

才觉得原来

我

不是一个人

每天每天每天

从一个人到一个罪人

满身的伤

没有一处不是自己给的

时至今日

有话要说

无话可说

日子

还会继续

2017.9.15

以前我认为时间是一条线，

开始了，再蜿蜒曲折，它也是往前的。

现在才明白，时间是一个圆，

不管怎么走，终究还是一个轮回。

周而复始……

2017年10月7日，张小姐更新最后一条朋友圈，至此，再无动静。而与张小姐的对话记录停留在更早的2017年1月1日，我祝福她新年快乐，祝愿她早日康复。而后，一片空白。

那些浅薄的鼓励言语，我来不及说了，她听不到了；那封毕业时写的信，我来不及当面给了，她再也收不到了。隔着信封，我能触摸到单薄的信纸上的字的痕迹，写得很用力，但我想不起自己写了什么，是一如既往浅薄的鼓励吗，还是自始至终美好的回忆呢？

我没有重新拆开看，也没有一把火将之烧尽，只是静默着将它塞回抽屉的最底层。今生已经来不及将它递给张小姐，等有一天在另一地方相见时，我一定第一时间找到张小姐，郑重地将信塞到她的手中。

我不想再来不及。

如果不曾痛过,就不算是经历

牙医说,几乎百分之九十的人都会长智齿,而其中又有超过一大半的智齿会发炎,会痛,大部分的智齿都需要拔除,只有小部分人的智齿会安然无恙地过一辈子。

最先知道智齿的概念好像还是在七八年前。当时,困扰我许久的两颗小虎牙因为频繁地戳破我的口腔,导致我每隔一段时间就出现口腔溃疡,日子过得艰难,所以妈妈就领着我去看牙医。由于虎牙位置特殊,不能直接拔,只能把两颗好的牙齿拔掉,把虎牙移到正确的位置上,于是从那一年开始,我正式成了"钢牙妹"。

在成为"钢牙妹"的第二年,突然有一天,觉得上一排牙齿的最里面产生了一种疼痛,痛到我不能正常地学习,但这疼痛大概每次持续一个星期,然后就好像什么事都没有发生过一般，我也不在意了。但几乎每隔一个月，就会发作一次。

牙医说，我长智齿了。

那一刻，我从未想过，在未来的日子里，我会跟一颗牙齿来来回回反反复复地纠缠数十年。

因为痛，我三番五次地产生了拔智齿的念头。

妈妈不同意，虽然她没有说出"人之发肤受之父母"的歪理，但她反复强调"动一发而动全身"的道理，她说虽然只是一颗小小的牙齿，但毕竟联络着全身的经脉，对身体可能有坏处，而且她还搬出她长智齿但一直忍着痛不拔，到最后牙齿自己长好了，就不痛了的案例。

三五朋友一边心疼我忍受疼痛，一边又苦口婆心地跟我说拔智齿特别疼，甚至搬出好几个拔智齿痛不欲生的案例。

于是，长达数年的时间里，我一直都在纠结中度过，一边每个月一次的智齿发炎搞得我很崩溃，一边因为害怕疼痛而一直犹犹豫豫不敢去拔牙。

真正拔牙的过程，简单得几乎用一两句话就能概括。大概是那天的阳光正好，大概是那天的心情不错，大概是那天心血来潮，在路边吃了早餐之后，计算着自己距离上火车还剩下不少时间，结果人就往牙医诊所走去了。

很久之前，我来过牙医诊所，但止于门前；但那一刻，我不知道鼓起了什么勇气，用力地跨开步伐，对着前台说："我要拔智齿。"

前台看了我一眼,先让我在一旁等一会儿,我不甘心地问:"等多久?"一方面是担心赶不上火车,另一方面是希望速战速决,等待的时间越长,逃跑的可能性越大。我坐在沙发上,看着诊所里的人来人往,一心想着要逃跑:"算了吧,算了吧;下次吧,下次吧。"

幸好,我还没有付诸行动,前台喊了我的名字。如果晚一秒钟,也许我就逃了。

牙医是好朋友的哥哥,所以进了小房间后,反倒是安心了,乖乖地躺在灯光下,任凭牙医拿着工具在我的嘴里捣鼓。我的意识很清醒,也清楚地知道自己没有任何感觉,中途问过牙医一次:"拔了吗?"

牙医说:"还没。"

隔了一会儿,我又问:"拔了吗?"

牙医说:"拔了。"

"真的吗?"

"真的。"

"可我没有感觉啊!"

"真的。"牙医把血淋淋的牙齿摆在我面前,说:"你看。"

看到了牙齿,我笑了,但我还是觉得这一切像一场梦,之前预想过可能会有的疼痛和不舒服,完全没有出现,简直浪费了我这么多年的担心与害怕。

拔完牙之后的生活，感冒依旧在，声音哑着，伤口偶尔会让我有点不习惯，毕竟空了一块。拔完之后真的觉得世界很美好，我以后不会再受智齿困扰，长达几年的噩梦终于要醒了。

牙医曾经说过，智齿必须要长出来再拔，也就是说，如果不曾痛过，就不算是经历吧。因为实实在在地痛过，所以才更希望时光回到几年前，我会义无反顾地冲进牙医诊所，大喊："我要拔智齿。"

一直走到所有的灯都熄灭了

静步走出光亮的房间，一只脚义无反顾地跨向柏油地面，仰头看天，天已经黑了，今夜没有月亮和星星，眼里尽是混沌的暗色，比黑色更暗，路一直往前延伸，看不到尽头，目光所及之处像是一个断裂的悬崖，走过去却又是平坦大路。

大路两旁,路灯打着昏黄的光,店铺和居民楼都齐刷刷亮起了灯,昏黄的,透亮的,炽白的。因地球自转而一片漆黑的世界,人类用智慧把世界重新点亮。

前几分钟,爸爸打来电话,问我最近能不能回家一趟。他的声音和往常差不多,不像是难以启齿的情绪,静静地等待着我的回音。我望着路灯出神,昏黄的光亮照亮了无数又小又黑的虫子,它们在飞,在舞,在闹,春天的脚步迟迟不来,盎然的生命却再也按捺不住。爸爸在电话里咳嗽了一声,声音弱弱又低沉地说:"你二姑夫查出有癌症,怕是没多少日子了。你二姑说这两天要上坟祭拜,你知道奶奶生前最疼你,听你的话,你二姑想要你一起陪着。"

每个人都是一支蜡烛,呱呱坠地时,蜡烛开始燃烧。大多数人都处于一个相对安全的环境,一年又一年了无心事地燃烧,等燃烧殆尽,人也就走向了终点。我常常觉得死亡离自己很远,死毕竟是暮年的故事,像是残存的蜡烛燃尽最后一丝光亮,最少也要到七八十岁的年纪。我不会轻易死亡,我也不担心谁会轻易死亡,然而现实生活中,少数人的蜡烛会加速燃烧,匆匆忙忙地就走到了死亡的边缘。四五十岁的年纪,蜡烛原本还有一半待燃,却在眨眼之间,散发着平常的亮度,却已是回光返照。

柏油路停在脚下,背后走过的路变成一个断裂的悬崖,我回头看不见出发时光亮的房间，也看不清曾经走过的路。路灯昏黄地亮着，算不上光，却照清了每一个游荡灵魂回家的路；居民楼的灯星星点点，有些窗户黑了，也许吃过了晚饭入睡了，有些窗户还亮堂堂的，每个人结束夜晚的时间不尽相同；路边的店铺，三三两两地开着，灯也不算亮，仿佛都在与这个城市的黑夜进行顽抗。

三年前，妈妈曾经陷入一场近乎忧郁的病症，她变得不爱说话，动不动就落泪；她也不爱动了，年前兴冲冲准备的刺绣被冷落在柜子里；她不想做饭，甚至不想吃饭，不想看电视，不想睡觉，她似乎对所有的事情都失去了兴趣。她常常没日没夜地躺在床上一动不动，像是死了一样地活着。我哭红了眼去叫她，她终于也哭红了眼，拉着我的手断断续续地说起一些故事。

正月里，一个与她同岁的阿姨因病去世，她说她感觉死亡离她好近。人都惧怕死亡，毕竟一死了全终了。当看到年迈的人步入死亡的巢穴，我们的内心并不恐惧，因为我们看到老人年迈的蜡烛已经燃尽，也深知自己的蜡烛还在燃烧；可是，当看着与自己同龄的人步入死亡的窠臼，我们的内心会开始恐惧，原来哪怕是未燃尽的蜡烛也会突然熄灭，无声无息。

时间向来是一分一秒地走，所以我们不会突然变老，也不会突然燃尽生命的蜡烛，因此不怕自然的死亡，然而意外却从来不按规律走，所以我们最害怕突然的死亡。奶奶在七十二岁的高龄死去，爸爸在捧着骨灰盒的一瞬间落了一滴泪。人死不能复生，爸爸做过准备，他知道奶奶会死，终究会离他而去，因为内心有过准备，所以面前发生的一切都显得不那么可怕。三姑姑在四十七岁的年龄意外死亡，爸爸坐在沙发上捧着遗照哭得像一个泪人，眼泪铺满了整张脸庞。爸爸从未想过与他年龄相近的三姑姑会死，因为未知，所以显得可怕。每个人都恐惧与自己年纪相仿的人遭遇过的事情会重演在自己身上，比如死亡。

我也害怕死亡，从五年前开始。当时我还在读高三，隔壁邻居的大哥哥刚刚考上大学，炎热的暑假，大哥哥和伙伴们去大河游泳，结果脚抽筋，在水里浸了两分半钟后获救，然而辗转七家医院，花了十万的钱，最终还是死了。此后，我不再靠近那条河，也不再玩水，更反抗学游泳，我要远离所有可能导致我死亡的东西。

天又暗了，像是渲染了一层厚厚的墨水，黑浓浓的。周围变得安静，树叶"哗哗"地响着，居民楼的灯三三两两地关了，人是屈服于黑暗的，只有黑暗里才会有宁静，才会有一份真实的安然；两旁的店铺也陆陆续续地关了灯，关了门。我们在白日里苏醒，一心盼望入夜时的宁静，却又在夜晚来临时感叹时光飞逝,夜晚一过,白日又复;路灯依旧亮着,迸射着一年四季亘古不变的亮度。

已经死去的人是不是依旧存活在这个世界的某个角落里?妈妈在听说二姑夫的事情后,颇为感慨地说,奶奶生前死后,二姑一家都不怎么来往,生前不顾,死后也不祭拜,如今出了事却屁颠屁颠地来求保佑,早干吗去了。我拍拍妈妈的肩膀说,奶奶都死了,二姑只想图个心安。妈妈煞有其事地说,你一个小孩子懂什么,人是有阴灵的,你奶奶死了,但是她什么都知道。

对于神鬼,我向来不信。不过每年过时过节,我都会随着爸爸上坟,跟奶奶说一些悄悄话。按照妈妈的说法,我这些年平安无事,必定受到了奶奶的庇佑。如果奶奶真的还存活在这个世界,如果奶奶真的知道发生了什么,我想善良的奶奶一定会让二姑夫恢复健康的。

居民楼还是一片漆黑,没有人敌得过黑暗的催眠;两旁的店铺也已经合上门,留下一面面灯光也穿不透的门和墙;路灯还亮着,昏黄的光打在路上;路变得暗了,稀疏的小石子静静地伫立,似乎在等待白日的来临;路的前方黑得一塌糊涂,我又看到了一个断裂的悬崖。我看不见天,满眼都是一片漆黑。

比起黑夜平静的幽暗,我想我更爱眼睛追逐的光亮。

我们都在一边改变一边缅怀

小时候，当我家还是老房子时，村子里有钱的人家已经住进两三层高的新房子了，每每经过时，我总忍不住停住脚步看上几眼，油然而生一种羡慕，甚至嫉妒，尤其是村口建造的第一栋新房子，寄托着我无数次炽热的目光。

那户人家出门坐车时，在座位上，洋洋得意地喊司机停车："在新房子那儿停。"那一刻，我突然意识到原来新房子也能作为一个标志，因为整一个村子只有这一栋新房子。

即使后来新房子慢慢多了起来，那栋最先造起的房子还是会以"第一栋新房"而留名。每次路过时，奶奶都会说："看，这就是第一栋新房子。我们什么时候也能住进新房子啊？"

奶奶的语气里充满了感慨，当时的我并不理解那种感叹，我只知道自己家的房子很破，一心盼望着什么时候能建起新房,这样我就可以带着一帮同学来家里参观。

从小到大,我只带过同学来过家里两回。第一回是年纪小,也是因为一时赌气。一天傍晚,我和三五个同学留在教室里写作业,对习题册最后一道数学题的答案产生了严重的分歧。我希望自己是对的,于是挺身而出,大声说:"我家有正确答案。"他们不信,说答案早就被收上去了,我较了真:"真的,不信跟我回家。"当时,脑子里没有想到房子破旧的问题,虽然建起了很多新房,但老土房也还到处都是。

还有一次,是在初中。那时候,村子里到处都是林立的新房子,我家还没有,长大的我心里默默有了比较,故而徒生了许多烦恼,从不主动提起带同学回家的事。有时候同学会问我:"我们什么时候可以去你家玩啊?"我常常摆出一副很可惜的样子,苦着脸说:"我爸爸特别凶,等他不在了,你们再来,好吗?"但是,我爸爸每天按时回家,从未出过远门,怎么可能有不在家的日子。

当时,我有两个玩得特别好的同学。有一天,她们提议:"我们这周末骑车春游吧,今天去你家,明天去我家,后天去她家,然后大后天早上一起上学。"我说我爸爸很凶,她们立马摆摆手说没关系,我爸爸回来时她们会躲在房间里。我实在想不到任何拒绝的理由,只能答应了。

于是,我带她们回了家,她们也见过到了我口中严肃的爸爸，晚上在被窝里，她们偷偷跟我说："你爸爸真的很严肃哦。"我点点头，心想她们似乎也没有注意到我家很旧很破。

从前总是嫌弃老房子又旧又破，等到如今，老房子一夜之间倒塌了，被夷为平地的时候，我突然意识到这将近二十年的记忆也将如同这栋老房子一样，彻底淹没在一片杂石和黄土之下。

时代的印记依托着不断改变的建筑。旧的新的都留着，时代的变迁才显得真实一些，当旧的走了，新的留着，或许我们就只能看到当下的时代了，因为过去的早已失去了所有痕迹。

以前，老房子的后面有一条小路，直接通往爷爷奶奶的坟墓，可如今那条路已经被杂草淹没了，我仔细瞅了很久，才能勉强辨认出那些曾经踩过的抓过的树和草，才能勉强看到那条路的痕迹。以前爸爸说过，不管老房子怎么样，这条路永远都会在，可是城镇化改革和土地的变更似乎不能如爸爸的愿了，他应该在考虑重新开一条路了吧。

离家前，我站在旧房子的土地上，盯着那一片残骸仔细观望，但无论怎么看，我始终想不起旧房子的样子，就像以前的上学路上，有一排商店，是同学们放学后的居留地，但后来被拆得一干二净。每次当我路过那片地方时，总会想起我穿梭其中的场景，但却始终不记得当时第一家店卖的是什么东西。

建筑变迁带走的,到底是什么呢?我看着面目全非的街道和拔地而起的高楼,恍惚间仿佛看到了时代的印记。

我怀念的是什么?老房子吗?可我小时候明明最想要摆脱那里啊。

都说往事不堪回首,其实只是怕回首时那强忍不住的眼泪吧。

在我很小的时候,村子里没有新房子,只有很多很多的黄土房,条件好一点的是白石灰房。我家穷,房子是黄土造的,从小到大,我一直纳闷一遇到水就软的黄土是如何建成一栋房子的;在倾盆大雨下,老房子为什么始终不倒呢?我总是嫌弃老房子破,尤其是角角落落掉落的泥土,散散地掉在地上,踩上去,鞋子上就裹了一层厚厚的黄土。

我心心念念想住进别人家的白石灰房,干干净净的,像是小公主的城堡。但在我还没有住进梦寐以求的白石灰房子以前,时代就变了。

村头那户有钱的人家,在我每天上学放学的马路旁大动水土,在"轰隆隆"的机器声里,拔地而起一幢新房子,突破了以往房子黄色和白色的单调外表,红色的瓷砖成了最坚定的保护色,在太阳光下闪闪发亮,浅蓝色的透明玻璃高高挂起,远看像是一片深邃的海洋。

这幢看似力量薄弱的新房子,却在日益累积的岁月中和蠢蠢欲动的目光中,掀起了一股巨大的浪潮,从此村子天翻地覆,换了一副崭新的面貌。黄土房和白石灰房逐渐变得平等,都成了老房子。拆房子的人越来越多,每天都有斧子、榔头对着墙壁使劲地敲,每天都能听到房子颤抖、倒塌的声音,最后,所有的老瓦片都碎了,悲怆地躺在地上,所有黄泥土和白石灰筑起的墙壁都倒了,与土地浑为一色。

现在的村子里,再也找不到一幢老房子了。村头那一幢最先建造的新房子,成为一个标杆,不断被后来的新房子赶超。先前我百般嫌弃的黄土房在挖土机的作用下轰然倒塌,成了一片废土堆,随之而起的,是一幢又一幢的新房。

在走出村子之前,我对外面世界的幻想全都是崭新的高楼大厦,五颜六色的瓷砖,比窗户还大的玻璃,一层一层高得入天。可是,等我真正走到大城市里,却看到村子里早已消失殆尽的老房子,那些白色的漆块,黄色的混凝土,黑色的老瓦片,活脱脱地出现在我的眼前,时光好像又回到了小时候,回到了展望白石灰房的年代。

那个把旧建筑一一推倒,夷为平地的北京,全然不顾狼藉与荒芜,每一天都在褪去旧的保护层,换上新时代的记忆,却在夹缝中养活着一幢又一幢的老房子。就像去年,我走出地铁站,映入眼帘的是一幢又一幢几十层楼高的大厦,处处崭新,透露着现代化的味道,可再往前走,走到另一幢崭新大楼之前,我却看到了一幢又一幢的老房子,它们被围在拔地而起的高楼之间,在越来越狭窄的土地上艰难呼吸。

那个时尚摩登的上海,以惊人的速度走向国际,却始终保留着一幢又一幢的老房子。每周四去往羽毛球馆的路上,颤颤巍巍地竖着好几排老房子,大多是小二层,一层成了营生的小店铺,二楼的小窗户突兀地伸出"手"来,仿佛在竭力争取着太阳光和空气。

夜跑时,跑了一条陌生的路,两旁都是层层的高楼大厦,瓷砖透着亮,玻璃闪着光,浑然一个新新城市的姿态,跑到住处时,看着面前的老房子出了神,风吹雨打的台阶有了坑坑洼洼,原本白色的漆块零零散散地苟延残喘。思绪突然有一阵恍惚:这是不是同一个上海?

人是最神奇的物种,一边发挥着余生的智慧,创造出新的东西,让世界上的每一个城市都焕发光彩,一边又担心智慧的创造具有反作用,恐怕会颠覆原本世界,于是又竭尽更多智慧创造出能留住记忆和故事的东西。

就好像现在的我,一边早已经搬进了崭新的小别墅里,感受着白色瓷砖和透明玻璃营造的空间感,享受着高科技创造的现代感,洋洋得意地晒着房子,一边却又时常回到老房子的土地上,面对着空旷和寂寥,回忆起小时候,怀念起小时候,对那些年代里的人和事念念不忘。

乡情永远是珍贵的，但都是用来怀念的

　　家里突然安静了，爸爸送弟弟出门，客厅里的电视机放着感情调节类节目，妈妈躺在沙发上盖着棉被睡觉，我"噼里啪啦"地敲打着键盘，窗外的风吹着门口两棵大树"沙沙"作响，但我还是感觉到了一种安静，突如其来的安静。

　　昨晚家里很热闹，四桌的亲戚、朋友和客人团团坐着，每张桌子上摆着十八道菜，摆着红酒、白酒和啤酒，我来来回回地穿梭在桌子中间，端菜、倒酒，活像一个"小行堂"。

　　生活的饭桌上到处都是不成文的规定。爱喝酒的自动成了一桌，大多数都是男人，偶尔也会穿插一两个豪气的女子；爱聊天的成了一桌，大多数都是上了年纪的女人，偶尔也会有一两个不爱喝酒的男子……喝酒的和聊天的都热闹。

　　每逢喜事精神爽，爸爸和小姑父又在饭桌上大谈阔论，弟弟也作陪,酒是一杯接着一杯,话是一句接着一句,我静静地站在旁边,和姑姑一起看着这一个个喝红了脸的人,笑着,闹着,不亦乐乎。

九点,农村的夜晚早已降临,喝酒的吃饭的都开始慢慢散开,四桌满满当当的客人走了,两桌已经完完全全空了,剩下两桌上各自有零星几个还喝着酒聊着天的人,他们的脸已经涨红,连接过我手上的茶时也不稳,爸爸和姑父还撑着,互相较量着酒量的高低,外婆、姑姑和我开始慢慢地收拾着饭桌上的残羹冷炙。

我把盘子里的菜倒了,筷子扔了,碗叠在一起端进厨房,中途替喝高了的人添菜、倒酒、泡茶,陆陆续续地目送一个接一个的人走出大门,有些踉踉跄跄,有些昂首挺胸,形态万千。

菜冷了,汤凉了,人走了。

回家这几天的晚上,我和两个阿姨挤在一张床上睡,一个爱打呼,一个很怕热,一床被子来来回回地动,第一晚,我在与冷空气的亲密接触里睡去,早上醒来喉咙不舒服,有了感冒的征兆。第二晚就急急忙忙拿了一床被子,自己裹着自己,耳边依旧是打呼和喊热的声音,连梦里都是热闹的。

今天早上,外婆和阿姨要回家了,他们一行人踏上黑色轿车时,我连背影都看不清了,看不清他们是否回头了,看不清他们是否隔着黑色的窗户跟我挥手了，我站在大门口，用力地挥着手，也不知道他们是否看得见。

人走了，热闹褪去了。

坐在电脑桌前，准备打字前，我先整理了一下书柜，把之前答应要送出的书整理好，放在桌子的一角。在摆放书的过程中，突然灵光一现，想到了不让书倒的方法，原先一直很困扰，因为书柜的设计，书竖放的时候，很容易倒。于是匆匆忙忙从凳子上爬下来，打开手机看看昨天买的书立有没有发货。

手机页面显示"卖家已发货"时，我突然涌上了一种无力的低落感，又好像是一种我对周围一切都无可奈何的失落感。我合上手机屏幕，静静地坐在床边，看着窗外的风吹着树叶摇啊摆啊，看着书柜上的书一本本地叠放着，觉得很冷清，油然而生一种疲惫感。

以前，我问过一个朋友："你是不是适合群居？你好像没有办法独处。"当时的我，认为自己有能力独处，也很享受独处的感觉，可是当我在一场热闹里周旋过后，再回到安静里，我忽然不习惯了，对安静不习惯了，对自己无法适应安静也不习惯了。

大兵先生说，聚会和过年不都是这样吗？

我以前无数次地幻想过自己独处的生活，并且也努力地独处着。在北京与两三个朋友合租，下班回到住处后，与朋友随意交谈一会儿,接着处理完自己的事情,便一个人爬上床,看书、写字,对着电脑屏幕"噼里啪啦"地打字,即使是看电影和电视,我也自己一个人静静地躺在床上。室友有时会在客厅打游戏,有时会在房间看电视,有"窸窸窣窣"的声音,但不会影响到我。

此时,我开始怀疑自己,怀疑自己是否真的能够独处。我以为我能够很好地掌控住热闹与安静之间的关系,但当周围都变得安静的时候,我好像不习惯了,也无法掌控自己的情绪了。

大兵先生又说,他以前老家很热闹,一大家子人聚在一起,但后来奶奶走了,家家户户都搬去了市里,过年就成了很简单的一顿饭,大年初一回家扫个墓。他当时很反抗,不想去市里住,于是自己一个人回老家,可是回去后却发现物是人非了,他也明白一个道理,不断拓展新环境才是真,乡情永远是珍贵的,但都是用来怀念的,因为人不能倒退着走。

他说我会习惯的,现在时间还不够长,但人是调节性特别强的生物。

窗外的风还在吹着门口两棵大树"沙沙"作响,爸爸回来后又出门了,妈妈还在沙发上睡着,我还在"噼里啪啦"地打字,有些情绪始终是一时的,而有些事情却需要我用一辈子去习惯,去怀念。

不要过度分享你的生活

人的本性都爱挖掘他人的隐私，却又常常不自觉地把自己的隐私藏得很好。就像我每次新添加一个微信好友时，在与他或她洽谈之前，我会先把他或她的朋友圈翻一遍，一开始我觉得自己是在了解一个陌生人，但其实我在窥探他人的隐私。

朋友圈最开始受到欢迎的原因在于它比起流行一时的空间多了一项隐私的功能，如果他和她都是我的微信好友，但他和她之间相互不认识，那他就无法看到她给我评论，也无法看到我给她的评论。

这一项隐私功能，导致一大部分的用户从QQ转到了微信。可是，当大部分的人都开始转战微信时，微信的隐私功能渐渐弱化了。任何陌生人见面，刚聊了两句，对话就成了"你微信号多少？我加你吧"。

面对可能是同事，可能是客户，可能是朋友的朋友，可能是亲戚的请求，我们似乎找不到任何可以拒绝的理由。于是，很多人开始慢慢不发朋友圈，甚至又重新转战到暴露在万众瞩目下的微博，只为保住残存的隐私感。

人都喜欢分享自己的生活，获得我们生活在这个世界的存在感。从前，朋友圈是我们的胜地，我们发自拍，发旅行的照片，甚至自黑，或者更多，但凡可以分享的，我们都希望分享，获得一定的关注。

随着陌生人逐渐侵入我们的隐私地域，我们开始学会自我防御。于是，我们开始慢慢地不发朋友圈，又或者把所有发过的朋友圈一条条删掉，直到心中感觉到了安全感。

前两天，同事跟我说某明星又被网友围攻了。我去微博看了一眼，好像是她拿了酒店的拖鞋走，事情其实很小，放在生活中根本不值得一提，又或者每一个人都曾经做过这样那样的小事，但因为她是明星，所以网友的责备会更深。

的确，网友的谴责和评判，似乎已经超出了一般正常的道德高度，人总喜欢站在超乎寻常的高度上要求别人，尤其是占据社会一定社会地位的名人。可惜，网友都是不具名的，也就是我无法找到任何一个具象的人，点名道姓地指责。

不过，这都不是我想表达的重点。

　　某明星在我的印象里，过度地分享了她的生活，她晒工作，奔往世界各地的旅程；她晒生活，在生完一对双胞胎后，在微博开启了频繁的晒娃模式，但凡可以说的，她都说了；也许不能说的，她也都说了。就像今天她分享的有关于拖鞋的小事，其实可以完全跟身边两三好友说一说，当成茶余饭后的料，又或者当作日记般，悠悠地记下。

　　很多事情一旦公之于众，产生的后果似乎已经不再可控。

　　我们讨厌别人对我的生活指指点点，虽然无法控制他人的嘴巴，但我们可以控制我们的生活是否展露在他人面前。如果我们不顾一切地把生活展示在他人面前，那么我们就要做好被围观的准备，承担其后果。

　　想起两年前，一个高中同学频繁地在朋友圈晒自拍，晒飘忽不定的三角恋，在听到许多人的风言风语后，我向她提出了是否可以控制发朋友圈的频率的要求，结果，话说了一半，我们一言不合吵了起来，从此陌路，互相删除互相拉黑。

　　我对她没有恶意，但我也意识到自己站在一个高度上，无论如何，我只希望现在的她已经学会克制住过度分享的念头，但依旧让生活过得精彩。

生活喜欢每一个愿意改变的人

人们常说,你是一个什么样的人,就会遇到一群什么样的人。我不知道此刻的你是否真正地明白这个道理——物以类聚,人以群分;又或者你是否清楚地知道自己是一个什么样的人,又将会遇到一群什么样的人。

明白也好,模糊也罢,时间都会慢慢给你一个正确答案。

如今,我们生活在一个阿谀奉承的世界,每个人都喜欢并习惯所有的表扬与赞誉,抵抗并拒绝一切哪怕出于真心的建议与批评,好像整个世界都过于虚荣。

我记得自己有很长的一段时间不愿意跟某个朋友说话。每一次,我自信满满地把写好的小说给他看,希望得到一两句夸奖,哪怕敷衍地说一两句"故事构思得不错"或者"这个句子写得传神"也好,然而他每一次都指出我文章的一大堆毛病，批评我写得一塌糊涂，什么文字无病呻吟苍白无力，小说毫无感情，故事里的主角都是戴着面具的无脸怪，等等。

某一刻，我忽然意识到自己在他面前简直一无是处，他从来没有说过我的好。我花了整整两个月做了一本杂志，他批评我的审美，他说几乎每一页都有大大小小的漏洞，简直糟蹋了他的眼睛。周围，说我故事写得好的，表扬我杂志做得棒的，大有人在，我为什么要委屈自己听他又臭又长的并不友好的"建议"，于是我默默地挂断他的电话，把他拉进黑名单里。深夜，我在这件事的思绪里惊醒。我忽然明白一个道理，诚然，给予我赞誉的朋友都希望我在这条路上走得更远些，不断地鼓励我，但一个人真正的成长往往需要经过千锤百炼，饿其体肤、劳其心志，因而成长路上的建议和批评弥足珍贵。

要感谢每一个表扬你、赞誉你、鼓励你的人，他们希望你在前行的路上信心百倍地勇往直前；更要感谢每一个批评你、指出你不足的人，让你更好更快地成长。

人这一生要常怀知足之心和感恩之情。生活在每一个生命的一开始不可能给予所有我们后来想要的东西，但每个生活都极其幸运地拥有一些特殊的才能，比如美貌、智慧，或者财富，或者更多。

生活对你这个生命真好，它给了你一副漂亮的皮囊，给了你一副温柔的脸庞，让你在前进的路上拥有不错的机遇。

不过,生活给予的往往少之又少,一切必然都需要靠自己的努力争取。

世界那么大,每个人的精力和财力都是有限的,仅仅靠自己的双腿和眼睛接触到的世界也是有限的, 通过读书,通过别人的经历看到更远处更深处的故事和世界, 多么难得,多么珍贵。

曾经有人问,我读过的书的大部分都被我忘记了,那阅读的意义是什么?

有人回答,当我还是个孩子时我吃了很多食物,大部分味道已经被我忘掉了,但可以肯定的是,它们中的一部分已经长成我的骨头和肉 。

阅读对你的思想的改变也是如此。读书是一项慢回报的东西,不会立竿见影,但会一点一滴地浸入你的思想和你的灵魂,不张扬,更不骄傲;读书是一项促进成长的活动,每个人都能够在书里找到撼动人心的故事,每个人都能够从书里找到为人处世的经验,不娇嫩,更不低沉。

每本书里都会说很多个道理,大的、小的、多的、少的,你都会相信吗?

韩寒的电影《后会无期》里说,小孩才分对错,成年人只看利弊;大学每次辩论队的辩题都是模棱两可,利弊对半;每件事似乎都无法分出对错和好坏。

我想告诉你,对的就是对的,错的就是错的,好就是好,坏就是坏,每件事情都有它的尺度,我们要遵守这个世界的规则。对错的区分,好坏的辨别,都取决于你的成长,取决于你读过的书,取决于你所有的经历,取决于你在读过的书和经历过的故事里而形成的成熟思维。

人最大的独立在于能够拥有自己的立场和原则,能够选择信仰,能够改变态度和思维。请坚定你自己的立场,请坚定地相信立场的独立能够让你的个性、你的人格都散发出不可抵挡的魅力。

我,在整个中国,只是十三亿分之一,长得普普通通,也没有异乎常人的能力和技巧,只是茫茫人海里的微微一粟。

我会偷懒,什么也不想做,傻傻地在寝室里躺一整天;有时候坐公交车,也不想一直让座;有时候也自私地只想着自己的好。

但是我很开心,我或许有一个不努力的过去,但我有一个足够努力的现在和未来。

以后,就在不久的将来,我还会遇到很多很多比我厉害几千几万倍的人,他们会教给我更多的知识、能力和技巧,教给你更多做人的道理和处事的规则,为你展示一个更大的世界。

浮躁容易,难得沉寂。我希望,我们都要保持单纯和天真,坚持认真和努力,一路向前。

幸运的是人生足够长

人是慢慢变强大的,雷小姐遇到我的时候,我已经将"慢慢"这条路走过一半。

我和雷小姐认识已经十年了,从高一到现在,有过如胶似漆,也有过臭脸相待,一步也没有停歇。前几天,我和雷小姐面对面吃饭,我心血来潮问她:"我们是不是都走过了人生的一半了?"

其实,我完全不知道人生这条路到底有多长,"一半"是我给自己的人生记录下的其中一个坐标。改变,从来不是一蹴而就的事,而是由一个又一个的坐标画出来的一条记录量变的长线,终点是最终实现的质变。

我永远记得雷小姐描述见到我的第一面,她好像说我拖着行李箱站在104寝室的门口,对着那时正看向门口的她露出笑脸，又好像说我整理完我的床铺之后，选择与她对头而睡，在熄灯后与她轻轻耳语："我的物理成绩还不错，你有任何不懂的，问我，我可以帮你"。在此后的很多年，我都否认了这个极其荒谬的说法。

那段时间，我不可能那么热情，我几乎恨不得隐瞒起自己的身份和过去，成为一个历史空白的人，或者企图意外选择性失忆，记不得任何过去，这样，在他人问及我的过去时，我不必遮遮掩掩、躲躲闪闪。

那段时间，我不会那么主动，我几乎恨不得拒人于千里之外，期盼没人来认识我，怎么可能主动敲破人与人之间厚重的玻璃。

那段时间，我刚刚结束离家出走……

我常觉得离家出走这件事在我人生的坐标中一定是最显眼的，因为那不是与父母争执后的嬉闹，也不是自我逞强时的标榜，那是我做过的一个虽然冲动却郑重的选择。

自那时起，我开始变得"一半"强大。

早年原生家庭的格局，使得我在踏入这个世界的很长一段时间里十分自卑。经济的勉强温饱，令我感受不到过多的物质乐趣和精神补贴，我每天活在羡慕他人的贪念里，同时为了很好地掩盖住这种并不光彩的思想而强行把自己塑造成大大咧咧的"强人"，而我自己则在这两种截然不同的身份里苦苦挣扎。

人生中大多数的烦恼,出自庸人自扰;而摆脱庸人自扰的最好方式,是意识到自己不过沧海一粟。

离家出走的那段日子里,我遇到过什么,已经不大记得清了。那段日子里遇到过的人,都与我渐行渐远了,记忆也逐渐消散得七零八落;那段日子遇到的事,跟电视里刻画得大同小异:有过委屈,遇过骗局,身心疲惫,开始失望,变得无力……我打过两三份工,辗转过两三个城市,最后灰头土脸地回到了家,回到了学校。

那段时间幡然醒悟的是此生都不会忘记的道理——世界太大,人太渺小。

回到学校后,我再也没有萌生过逃离的想法,人生不会有周而复始的失而复得,但我很多次都想封闭自己,周围的都不是同龄人,我不得不以一种"年长一岁"的姿态与看似幼稚的他们坐在同一个教室里,睡在同一个寝室里,思想里考虑的却是与他们截然不同的世界。我需要隐藏起那一段荒唐的经历,装作若无其事地继续生活。因而,我怎么可能会在第二次入学的第一天晚上面对还是陌生人的雷小姐展露微笑呢?

不过,我有时候会想,那会不会真的是我?那一个真实而直接的,没有任何伪装的我。大抵因为此,在与雷小姐日后长达十年的相处中，我真实、直接，没有任何伪装。

我们几乎什么话都说，就连内心那些并不光明磊落的小情绪，耻于向外人道，却在面对彼此时，什么都不用顾忌，直接脱口而出。

雷小姐的童年，毫不夸张地说，几乎跟我完全相反。我永远记得，在她家客厅摆着的两张艺术照片，小时候的雷小姐笑容满面，自信乐观，一副天真烂漫的模样。如我预料，她的确拥有一个自信而快乐的童年，拥有丰富的精神和物质生活。

截然相反的经历并没有妨碍我和雷小姐成为朋友。

在我变成"一半"强大之前，雷小姐却坐上了人生的过山车，从高峰跌入了低谷。她出生在城市，有着不错的家境，一路畅通，但学业上的道路，她走得并不顺遂，或许是因为内心有所求，所以前行路上的困难不断被放大被拉长，而家庭的些许变故，导致她成长的后半段显得无比艰辛。

幸运的是，雷小姐也在低谷中学会了"一半"强大，她一点一点地挣扎着站起来，正视自己的境况，寻求解决的最好办法。对于学业的漏洞，她拿出了一百二十分的认真，一一弥补；对于家庭的状况，她用百分之百的真诚，一一化解，最终竟也一步步走出了泥沼。

更幸运的是，因为人生足够长，所以即使我们都不曾达到过顶峰,却走过了一个又一个的低谷。

也许,未来的某一天,我们会遇到更糟糕的事,甚至比以往的低谷都难以招架,但日益强大的内心会赋予我们向前的能力。

那些北京教会我的事儿

我经常想,北京到底带给我什么,在北京的日子又到底教给我什么。真正去回想那段岁月,我却发现自己似乎没有从一而终,也曾三心二意,我也慢慢发现,我走的每一步,是在靠近北京,却也是在为自己离开北京铺垫着道路。

大四的下学期,我辞去在杭州的实习,回到学校,中途去了几趟北京,但工作找得并不顺心,心仪的公司纷纷藏起了橄榄枝,于是我装作毫不在意地回了学校,等待毕业。中途,有一个学妹跑来问我是不是在准备考公务员,为什么突然要准备考公务员，是不是因为工作不顺利。她一直觉得我之前在杭州的实习工作挺好的，是她以后想要努力的方向。她想知道的是我为什么改变了我的规划，她大抵觉得安于一份平稳的我似乎担不起她的崇拜吧，又或许觉得报考公务员这件事拉远了我和文字的距离。

学妹比我低两级，当时是在一个社团中认识的，她热爱文字，并且希望以此为生。

很长一段时间，我都是一个喜欢分享决定的人，把心中所念所想都"公之于众"，不是为了炫耀，也不是为了显摆，博一句赞赏。只是，几乎每个认识我的人都知道我热爱文字，并且希望以此为生，因为无论年少年长，我一直都抱着这个梦想，一遇到愿意倾听的人，就开始畅想畅聊。

在一定程度上，我只是想要告诉关心我的人，我正在干什么，我将来准备要干什么。不过，我后来慢慢不这么做了，因为每一次我公开我的决定，就不可避免地让自己成为别人口中津津乐道的话题。其实，我也害怕，甚至恐慌，万一我突然放弃了我正在做的事情，万一我准备要做的事情由于某些原因无法实现，那我是不是要立马发一条公开的状态去解释，去说明，搞得自己身心疲惫。

如果，万一我没有实现我的文字梦想，那么我感受的究竟会是日夜相伴的安慰，还是背后幸灾乐祸的嘲笑？当初说得天花乱坠的梦想,终究不过是一盘散沙,随风飘散,吹进我的眼睛里,惹起一阵伤感,吹过他人的身旁,却波澜不惊。

那些我正在做的事情,慢慢变得隐秘,我不会像通知似的宣告,偶尔也许会和身边要好的朋友提起,因为就算之后我没有成功,或者半途而废了,我也不需要解释,不需要说明,甚至不必忍受一些暗自的嘲讽和幸灾乐祸。

大四放弃寻找新的工作转而考公务员,看似改变了曾经的规划,但我并没有身不由己,父母希望我有一个安定的工作,我自己也认同了这个决定,因此这是一个双向的决定。至于报考公务员这件事拉远了我和文字的距离,我自身倒不这么认为。是,我这一生的规划就是与文字相关,之前考虑过做图书,现在也在考虑,未来还会考虑。

文字始终是我喜欢的,所以只要我一天没有放弃,就没有拉开或者不拉开的区别,我现在依旧在坚持做喜欢的事情,我没有变。公务员只是现阶段的一个选择,有希望考上的愿景,但也有落榜的准备,如果没有成功,我依旧会工作,或许与文字有关,或许与图书有关,或许与热爱的毫无关系。但是这又如何,只要我不忘初衷,梦想会一直存在我的心里。

果然,梦想从不放弃我,在准备考试的中途,北京的一家图书公司通知我去面试,于是,北漂生活从此正式在我的生命当中拉开了序幕,隆重而又兴奋。

从我最初想去北京，到去了北京，再到最后离开，足足有九年多的时间。那些远居其外充沛着渴望的情绪，那些身处其中乱七八糟的经历，那些遇到过的神奇的人，那座叫作北京的城市，在我的心里，就像是一本厚厚的书，一字一字，一篇一篇，都足以令自己震撼。

在北漂的时间里，北京这个庄重的城市突然在我的眼前慢慢缩小了，我的人生正在被不断地放大。在长达二十多年的岁月里，北京占据心间的那些年好像成了很小的一个部分，我猛然意识到我的人生原来还有那么多精彩的部分。我的童年，我的青葱岁月，我对社会现状的思考，我对未来的畅想，在那一瞬间，全都冒了出来。

只是，有关于北京的这些年，始终拥有我难以忽视的力量。所以，在这本书里，你不会看到很多个我，你只会看到那个想去北京的我，正在北京的我，最后离开北京的我，以及我在北京遇到的星星点点，遇见过的人和发生过的事。当然，生活那么大，时间那么久，遇到的人和事那么多，书里能放下的只有一部分，那些没有出现的人和事，对我而言，一样重要。

因为种种原因，我后来选择离开了北京，带着不舍与可惜，离开了这座梦想遍地的城市。不过，虽然我曾经在无数个日夜都会怀念北京的人与事，我却不曾真正后悔过，因为北京本身就是一座人来人往的城市，谁都可以来，谁都可以走。

离开了帝都,我到了魔都。大城市仿佛都是相似的,有同样高大的建筑,有同样匆忙的人群,有同样灯火缭绕的夜晚,不同的是我身处其中的心情。我对北京有着近乎疯狂的心情,但对上海,我不过是将这里当成我的一个中点站,未来我也许会留下,也可能会去其他的城市,遇到不同的人,遇到不同的事。

未来的定向不得而知,我唯一确定的是我在走向未来的路途中,始终坚持着对文字的热爱,保持不忘文字的初心。我在每一个负重前行的日子里,坚持将每本书里的故事与道理一一记在脑海,坚持将内心中满溢而出的情感一一写成文字。

而这些,都是北京这座城市带给我的,也是在北京奋斗的日子教给我的。

跋

懵懵懂懂地摸索,清清醒醒地活着

文／段年落

1

森风小姐刚入职时,我尚且没有在这间公司全职。

在北京生活并不轻松,于是多了一份兼职,带团队并不是头一次,可带一帮对出版并不了解却充满热情的年轻人一起做一件有趣的事是头一次。

开过几次会,大致讲解工作需要注意的事项,后续再无其他会议了。说到底,其实是因为我是很讨厌开会的一个人,许是懒散惯了,真要我拿着条条框框去束缚别人,反倒自己都觉得不自在,又或是我一直觉得,但凡工作,都需自己心中有数。该牢记的事情,我悉数告知,至于能做到什么地步,靠的还是自觉。这么看来,从严格意义上讲,我算不得一个好的领导。因为我并未给谁指出一条明路,应该如何去做好自己的工作,但在我心里,一直觉得,只有如此,才能任由他们野蛮生长。

我一直记得我同她讲过,在我带过的那么多人里面,她是最像我的那一个。无论做什么都愿意付出自己全部的精力,并且永远风风火火,即便面对他人刁难,生活里那些常见的磨难,她都在一点一点学习着去如何应对。

以我对这个世界那一丁点的了解,在我的认知里,职场里面从来都不需要千篇一律的面孔,需要的是打破一切规则,只有野蛮生长,才有无限可能,但我万万没想到,我给她的可能是——选择离开。

只是她依然带有一点点的怯,羞于为自己做争取,面对难搞的人时会不知所措,带着懵懂混迹于世。但人总是如此,懵懵懂懂地摸索,最终都不过是为了清醒地活,只是很多人,渐渐地对这个世界失去了探索的热情,多了对这个世界的疏离。

但这不妨碍我们,为得到的珍惜,为失去的怀念。

2

后来，森风小姐终于出了这本书。

我倒也不觉得奇怪，懵懂成长时就有过的念想，有朝一日机会来了，当然要冲上前去，没有停顿的道理，反正长日未尽，当然要去造梦。人生如此，写作尤是。

书中零零碎碎地记下了她对北京，对生活的一些感悟。心所感，眼所观，每一篇文章都真真实实地发生，多多少少的感受，最终成为这样的一种载体呈到纸上来。

在这一点上，我是佩服的，毕竟少有人能以日以年来做记录，多得是任由那些灵感来去如风，最终成为记忆里模糊的一点，偶被想起却记得不够清晰。而这些字眼里，无一不在指正她对生活的热爱，只有热爱，才有记录下去的欲望。

所以我一直认为，记忆是有载体的，文字即是最好的证明。

哪怕他日脑海中那些曾经熟悉爱过又或恨过的面目已然模糊，但翻阅起这些文字时，当时付出过的情有过的怒会让一切有轨迹可循。

3

从生来至今,我一直都相信一件事,我相信,人生来就是为了告别的。

春夏更迭,岁月往复,没有一件事不是在按照这个规则存活,或许有,只是在我仅有的这将近三十年的时间里还未曾遇到罢了。然而,我感激,生命里每一次的相遇,即使知道世人不可长久陪伴彼此,但彼此并肩前行的那一段,才让对后来的人生充满希望。